U0080625

前言

經常聽到在麵包店購買三明治的人說，
「因為想吃蔬菜，所以選三明治」。
在日本，在長棍麵包抹上奶油，然後只夾上火腿的傳統「法式火腿三明治」，
總讓人感覺少了一味，「因為沒有蔬菜」。

三明治之所以追求沙拉口感，
從現今十分受歡迎的大份量三明治就可以知道。
含有大量蔬菜的三明治的確充滿魅力。
色彩鮮艷、視覺衝擊感強烈的三明治，
可不光只有美味而已。
試著做做看？吃吃看？
咦？是不是完全超乎自己想像？
三明治的關鍵在於，麵包與食材之間的均衡搭配。

繼「蛋與吐司的美味組合公式」、「水果與吐司的美味組合公式」這兩本書之後，
第三本書的主題是「生蔬菜」。

「蔬菜」的魅力十分深奧，無法只靠一本書就全部講完，
所以這本書決定探索沒有加熱的「生蔬菜」魅力。

為了充分感受「蔬菜」的個性，
先採用減法，品嚐各種單品吧！
在了解「蔬菜」的個性後，再試著與其他食材搭配組合，
就會有超出加法的全新發現。
不光是用「麵包」夾起來。
只要鑽研一下切法、調味、醬料的搭配方法，以及夾餡的順序，
就能製作出獨特的三明治。

用「生蔬菜」和「麵包」，創造出令人驚奇的全新美味吧！

永田唯

Contents

探求生蔬菜三明治的無限可能、
追求飽足，追求美感，更要追求健康！

生蔬菜與吐司 美味組合公式

永田唯

本書的使用方法

・大匙為15㎖，小匙為5㎖，一杯為200㎖。

・E.V. 橄欖油是特級初榨橄欖油的簡稱。

・若沒有特別記載，白胡椒一律採用細磨粉的種類。

搭配麵包的主要蔬菜

本書介紹的蔬菜

主要用於生吃的蔬菜

生菜　　　　小黃瓜

褶邊生菜　　Mogiri 小黃瓜

綠葉生菜　　迷你小黃瓜（Gherkin）

貝比生菜　　七彩蘿蔔

芝麻菜　　　櫻桃蘿蔔

芽菜類　　　Colinky 南瓜

茴香芹　　　薄荷

蒔蘿

可生吃亦可加熱吃的蔬菜

萵苣　　　　茼蒿　　　　胡蘿蔔　　　　白花椰菜

蘿蔓萵苣　　西洋菜　　　蘿蔔　　　　　玉米

紅萵苣　　　高麗菜　　　青椒　　　　　蘑菇

苦苣　　　　紫甘藍　　　甜椒　　　　　黑松露

羽衣甘藍　　特雷威索紅菊苣　水茄子　　捲葉洋香菜

沙拉菠菜　　菊苣　　　番茄、七彩迷你番茄　平葉洋香菜

沙拉小松菜　櫛瓜　　　甜菜根　　　　羅勒

水菜　　　　苦瓜　　　塊根芹　　　　百里香

8

蔬菜有許多種類，美味享用的方法依蔬菜本身的品種或新鮮度而有不同。這裡主要介紹的是，出現在本書，用來搭配麵包的蔬菜。生吃、加熱，就算是相同的蔬菜，味道仍會因為烹調方式而有不同。本書以不加熱的「生蔬菜」為主，深入探究切法和調味方法的差異，以及組合搭配的協調性。

芫荽　　芹菜

海蘆筍　　長蔥

洋蔥、紫洋蔥　　青辣椒

火蔥　　青紫蘇

生薑　　蘘荷

山葵

辣根

蒜頭

主要加熱食用的蔬菜

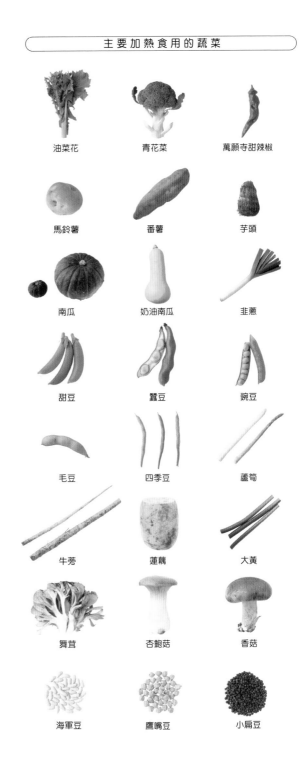

油菜花　　青花菜　　萬願寺甜辣椒

馬鈴薯　　番薯　　芋頭

南瓜　　奶油南瓜　　韭蔥

甜豆　　蠶豆　　豌豆

毛豆　　四季豆　　蘆筍

牛蒡　　蓮藕　　大黃

舞茸　　杏鮑菇　　香菇

海軍豆　　鷹嘴豆　　小扁豆

01

搭配麵包的
基本生蔬菜

蔬菜的 種類

蔬菜的種類很多，分類的方法也各式各樣。本書挑選的是，可以生吃，同時又適合搭配麵包的種類。以下就依吃葉子的葉菜類、吃果實的果菜類、吃根莖的根莖菜類、菇類，以及為料理增添香氣或進一步提味的香草、香味蔬菜類的分類進行介紹。

葉菜類

萵苣

稱為結球萵苣，最受歡迎的三明治餡料。內側的葉子顏色較淡，清脆的口感極具魅力。葉子要一片片仔細清洗乾淨，同時也要仔細瀝乾水分。

蘿蔓萵苣

沒有結成球狀的散葉萵苣，又稱為長葉萵苣。凱撒沙拉的必備配菜。葉子前端柔軟，葉脈部分清脆。葉子較厚，也適合加熱料理。

生菜

最大的特色是，與萵苣、蘿蔓萵苣截然不同的柔軟口感。可以多加利用平坦的葉子形狀，以及美麗的綠色色調。營養價值很高的黃綠色蔬菜。

紅萵苣

葉子薄且柔軟，沒什麼草腥味。葉子前端的細小紅紫色皺褶是其最大特徵，可為三明治增添份量感及色彩。營養價值比結球萵苣更高的黃綠色蔬菜。

綠葉生菜

長葉萵苣當中，受歡迎程度不亞於紅萵苣的品種，又稱生鮮萵苣。鮮豔的綠色和皺褶十分漂亮，對三明治的配色來說，是不可欠缺的餡料。

各種長葉萵苣

左起分別為 Bouquet lettuce、Frill lettuce（摺邊萵苣）、Mineraleaf。沒有結球的長葉萵苣有各式各樣的種類。葉子的形狀和口感各不相同，所以只要依照食材進行挑選即可。

苦苣

特色是葉子末端的深綠色和鋸齒形狀。靠近菜芯的部分偏白，微苦中帶點甜味。在使用於沙拉的西式蔬菜當中，比較偏向味覺重點。

羽衣甘藍

十分受歡迎的青汁材料，高麗菜的好夥伴。抗氧化效果十分受到矚目，營養價值極高。相較於嫩甘藍（照片右）或沙拉甘藍，苦味比較溫和，容易入口。

貝比生菜

幼嫩葉蔬菜的總稱，由各種種類混合而成。口感軟嫩，同時又能完整攝取整株蔬菜營養的這一點也極具魅力。可以善加運用本身的色彩。

沙拉菠菜

營養價值特別高的黃綠色蔬菜。被改良成生吃用的沙拉菠菜或嫩葉的寶寶菠菜（照片左）比較沒有草腥味，口感軟嫩。

沙拉小松菜

鐵質及鈣質含量比菠菜更豐富。新鮮的話，生吃也很美味。嫩葉的寶寶小松菜（照片左）味道溫和，沒有草腥味且軟嫩。

水菜

莖的口感清脆，有著獨特的辛辣和香氣。大多都是使用於火鍋料理，不過，生吃的美味口感也十分受歡迎。可製成日式的三明治。

茼蒿

含有豐富的 β 胡蘿蔔素和維生素C。特徵是深綠、苦味和獨特的香氣。大多用於火鍋料理等加熱烹調，不過，生吃也能感受到味道的獨特。

西洋菜

富含 β 胡蘿蔔素和維生素C的黃綠色蔬菜。特徵是辛辣和清涼感的香氣，非常適合搭配肉類料理。也能享受莖的口感。

芝麻菜

又稱為箭生菜。特色是辛辣和芝麻般的香氣，具強力的抗氧化作用。葉子纖細內凹的裂葉芝麻菜（照片右）有更強烈的辛辣口感。

高麗菜

切絲種類是大份量三明治不可欠缺的。春季高麗菜帶有甜味，特別適合生吃。也是德國酸菜的必備材料。

紫甘藍

又稱為紫高麗菜、紅甘藍。色調源自於具強力抗氧化作用的花色素苷，醋漬後會變成紅色。可以善加利用本身的鮮豔色彩。

特雷威索紅菊苣

外觀和紫甘藍十分類似，屬於菊苣的一種。獨特的苦味和清脆的口感令人印象深刻。使用時，建議考量一下味道的均衡。除了沙拉之外，也適合用於加熱烹調。

菊苣

特色是清脆的口感和隱約的苦味。可利用葉子的漂亮船型，製作成前菜，也可以切碎製成沙拉。通常是葉子前端隱約淡綠的種類，不過，也有紅葉的品種。

芽菜

植物的新芽，因發芽時的豐富營養價值而受到矚目。其中屬青花菜苗（照片左）最受歡迎。青花菜所含的蘿蔔硫素具極高的抗癌效果，而發芽第3天的青花菜芽（照片中央）的蘿蔔硫素含量更是青花菜的20倍之多。紫甘藍芽（照片右）可運用本身的鮮豔色彩，作為配色重點。

蔬菜的 種類

果菜類、根莖菜類、菇類

小黃瓜、Mogiri 小黃瓜

有著水嫩、清脆的口感。水分含量高達 90％以上，雖然營養價值不高，卻是經典茶點三明治的必備蔬菜。造型彎曲的是成熟之前採收的 Mogiri 小黃瓜（照片右），用來製成醃菜。

迷你小黃瓜

用來製作醃菜，原產於墨西哥的小型小黃瓜。水分比一般的小黃瓜少，口感清脆。

苦瓜

原產於東南亞，表面的瘤狀突起和獨特的苦味是其特徵。具有提高食慾、預防熱暑的效果。只要稍微搓鹽，就能減淡苦味，就算生吃，也比較容易入口。

胡蘿蔔

有著鮮豔的橘色，富含 β 胡蘿蔔素。現在的品種比傳統品種更甜，而且比較沒有腥味。用專用的削片器削成絲，就會比較柔軟且容易入口。

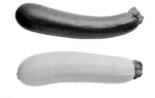

櫛瓜

外形和小黃瓜相似，屬於南瓜的一種。經常用於義大利料理，適合搭配油一起調理。就算生吃也不會有腥味，薄切後，就能應用在三明治上面。

Colinky 南瓜

可生吃的小顆南瓜。沒有腥味，未熟果，外皮較薄，薄切後，可連同外皮一起吃。口感適中，可運用本身的色調，製作成三明治或醃菜。

蘿蔔

富含有助於腸胃作用的酵素。水分含量多，不適合預先製作起來放的三明治。若要搭配麵包，最好做好後馬上吃。

七彩蘿蔔

照片左起，紫蘿蔔、紅蘿蔔、青長蘿蔔、紅芯蘿蔔。剖面漂亮、辛辣感較少的品種，適合生吃。可運用本身的色彩，製作成開放式三明治或沙拉。

櫻桃蘿蔔

又稱為三十日蘿蔔，適合生吃的迷你蘿蔔。小巧的尺寸，非常容易入口。非常適合作為色彩或味道的重點。

青椒

品種改良之後，獨特的草腥味和苦味都變得比較緩和，比較容易入口，夠新鮮的話，就算生吃也非常美味。選擇肉厚且帶有彈性的種類。

甜椒

青椒的一種，屬於辣椒的同類，但是沒有辣味或苦味，柔和的甜味和多汁口感是其特徵。除了紅色、黃色之外，還有橘色或綠色種類。

水茄子

果肉水嫩，帶有隱約的甜味。外皮較薄且沒有腥味，適合生吃。薄切後，製作成開放式三明治或沙拉，出乎意料地美味。

番茄

『番茄紅了，醫生的臉就綠了』，誠如這句話所說，營養價值極高。番茄的番茄紅素具有高於 β 胡蘿蔔素 2 倍以上的抗氧化作用。三明治不可缺少的蔬菜之一。

水果番茄

非特殊品種，只要改變一般的番茄栽培法，抑制水分，就能使番茄完熟，藉此提高番茄的甜度。果肉緊實且甜味強烈，水分較少，所以可長時間存放。

七彩迷你番茄

迷你番茄是一口大小的小番茄的暱稱，有各式各樣的品種。甜度比大顆的番茄更高。除了一般的紅色之外，還有黃色、綠色、橘色等顏色，只要加以組合，就能營造華麗效果。

甜菜根

特徵是帶有土香味的甜味。大多使用於羅宋湯等燉煮料理，只要厚削外皮，再進行薄切，就能夠生吃。本書使用螺旋紋路的甜菜根。

塊根芹

歐洲常見的蔬菜，屬於芹菜的一種，主要吃肥大化的根部。帶有類似於芹菜的香氣，除了切絲製成沙拉外，也很適合燉煮料理。

花椰菜

常用於加熱的蔬菜，不過，若是夠新鮮，生吃也非常美味。口感清脆。近年來，除了白色之外，還增加了橘色或紫色的有色品種。

玉米

相對於被當成穀物食用的乾燥玉米來說，被當成蔬菜使用的是被稱為甜玉米的甜味品種。甜度不亞於水果且可以生吃的品種，特別受歡迎。

蘑菇

原產於歐洲的厚肉香菇。新鮮的種類很適合生吃，適合切片當成沙拉的頂飾。相較於口味清淡的白色品種，褐色品種的味道比較濃醇。

黑松露

世界三大珍味之一的高級香菇。特徵在於其獨特的魅力芳香，用來增添香氣，而非增添味道的食材。薄切後，就會散發出更濃郁的香氣。

蔬菜的 種類

香草、香味蔬菜類

捲葉洋香菜

捲葉洋香菜有著深綠的美麗色彩，大多用來作為配菜。營養價值很高，具有提高消化的作用，最好全部吃光。

平葉洋香菜

比起捲葉洋香菜，平葉洋香菜沒有腥味，香氣也比較溫和。適合切成大量碎末，搭配醬料或是沾醬。

細葉香芹

比起平葉洋香菜，柔軟的葉子和高雅的香甜氣味是其特徵。經常使用於法國料理。也可以搭配洋香菜或是蒔蘿。

羅勒

義大利料理不可欠缺的香草，最適合搭配番茄。除了直接使用之外，也可以把大量的葉子製成膏狀，或是製作成油漬。

蒔蘿

適合搭配魚貝類，北歐或東歐經常使用的香草。可以增添湯品或醃菜的風味，溫和的風味也很適合搭配雞蛋。

薄荷

有著涼爽溫和的香氣，同時還能感受到隱約的甜味。比起辣薄荷，留蘭香的香氣更溫和且容易使用。也能用於沙拉的提味。

百里香

法國香草束所不可欠缺的香草，廣泛應用於湯品或肉類料理等。新鮮葉子的香味強烈，即便只有少量，仍然香氣濃郁。也可以製成油漬或醋漬。

芫荽

在中國稱為香菜，在泰國則稱為Pakuchi。有獨特的強烈香味，個人喜好差異很大，近年有逐漸受到喜愛的趨勢。排毒效果也是深受喜愛的魅力部分。

海蘆筍

因為種植在鹽田或海邊，所以帶有鹹味，口感清脆。近年已經可以購買到進口品。除了生吃之外，也可以汆燙後食用。

洋蔥

獨特的氣味和辛辣源自於二烯丙基硫醚。具有預防生活習慣病的效果。初春產出的新洋蔥（照片右）比較沒有那麼辛辣，口感比較溫和，適合生吃。

紫洋蔥

又稱為紅洋蔥。辛辣口感比較溫和，所以很適合生吃。含有花色素苷，和醋混合後，整體會染上紅色，所以也很適合製成醃菜。

火蔥

法國料理不可欠缺的香味蔬菜。又稱為紅蔥頭。有著小洋蔥般的形狀，內側則是類似於紫洋蔥般的色調。可切碎製成醬料，或當成頂飾。

生薑

獨特的辛辣和香味成分有極高的藥效，在全球各地被廣泛應用。可以磨成泥，作為料理的預先調味，也可以把榨汁加入醃菜液裡面。

山葵

嗆鼻的獨特辛辣成分具有強烈的抗菌作用。可作為日式香辛料，製成沙拉或醬料，也可以用來幫沾醬類提味。

辣根

烤牛肉的配菜或醬料材料不可欠缺的西洋山葵。也可以製成山葵粉或山葵醬等加工山葵的原料。

蒜頭

在全世界，增添料理香氣所不可欠缺的藥用植物，也被廣泛當成補品使用。特徵是增強食慾的香氣和辛辣。刺激性較大，所以生吃時僅使用少量。

芹菜

有著獨特香氣和清脆口感的香辛蔬菜，香氣成分的芹菜苷具有抑制焦慮的作用。葉子部分的營養價值也很高。適合應用於沙拉或醃菜。

長蔥

又稱為大白菜、根深蔥。將蔥白部分切成細絲的白髮蔥，有著清脆口感和纖細香味，可作為日式三明治的重點提味。

青辣椒

辣味的來源是辣椒素。可促進胃液分泌、幫助消化、增進食慾。生青辣椒的新鮮辣味也適合作為醬料的提味。

青紫蘇

大葉這個名稱是市場流通時的商品通稱。在所有用於配料的香味蔬菜當中，可說是最出類拔萃的，營養價值很高。也很適合搭配麵包。

襄荷

日本自古就開始使用，歷史十分悠久的蔬菜。適合日本料理的清爽香氣和輕快口感是其特徵。也很適合搭配青紫蘇和生薑使用。

生蔬菜的 事前處理

仔細瀝乾水分,然後再採用保留口感的切法,引誘出食材的原始美味,同時讓美味更加持久。因為生吃,所以要特別留意衛生問題。

萵苣

最重要的關鍵就是,誘出清脆的口感、確實瀝乾水分。使用單片菜葉的萵苣三明治,只要不撕碎,直接折疊,就能製作出完美的一層。

【 洗淨並瀝乾水分 】

1 把萵苣的外葉剝掉。外葉的口感比較硬,不適合生吃,但是,可用於熱炒或湯等加熱料理。

4 放進冷水浸泡 10 分鐘。讓葉子吸收水分,恢復清脆和新鮮度。

2 把萵苣顛倒過來,用小刀挖掉菜芯。

5 放進蔬果脫水器時,要讓葉子外側朝上,才能把水分甩掉。如果顛倒放置,水分會堆積在葉子內側,所以要多加注意。

3 把 **2** 放進調理盆裡,用流動的水沖洗挖掉的菜芯部分,葉子就會更容易剝。小心剝下葉子,避免葉子破掉,一邊換水,一邊輕柔清洗。

6 轉動蔬果脫水器,確實瀝乾水分。

7 不打算馬上使用時，裝進夾鏈袋，放進冰箱內保存。只要預先把廚房紙巾放在袋子下方，就能吸收多餘的水分，讓新鮮度更持久。也可以在使用的前一天這麼做。

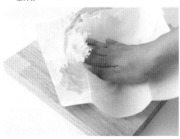

8 水分仍有些許殘留時，使用之前，先用廚房紙巾按壓，吸乾多餘的水分。不光是萵苣，綠葉生菜、紅萵苣等菜葉蔬菜，全都要採用相同的清洗、瀝水方法。

最好在使用前處理的蔬菜

貝比生菜、西洋菜、芝麻菜等，葉子較薄且柔軟的蔬菜，如果用蔬果脫水器進行強力脫水，容易造成葉子損傷。清洗、瀝水的作業，最好在使用之前處理，動作盡量輕柔，避免造成葉子損傷。

三明治用的萵苣捲折方法

份量十足的萵苣三明治很受歡迎，若要製作出美麗的剖面，就要掌握捲折的重點。不要把萵苣撕碎，將整片葉子捲折起來使用吧！這麼做不僅更容易夾麵包，也比較不容易分散，同時也更容易食用。

1 使用整片萵苣葉。用指甲把較硬的菜芯部分壓碎，纖維壓碎後，就比較容易食用。

2 利用萵苣的自然弧度，把菜芯捲往內側。接著將兩側折向中央。

3 就像高麗菜捲那樣，直接把葉子折起來。

4 讓末端朝下，將大小調整成可收納在吐司內側的尺寸。

5 用手掌從上方按壓，製造出折痕。按壓的時候，雖然會造成局部碎裂，不過，因為還有萵苣的纖維連著，所以不會分散開來。

6 萵苣不會分散，所以製作成三明治的時候，就會更容易作業，不容易分散。

高麗菜

高麗菜直接製作成三明治時，主要採用切絲。除了直接生吃之外，
製作成鹽醃或醃菜，同樣也十分美味。春季高麗菜比較柔軟，就算
切成粗條或是切片也沒有問題。

【用菜刀切絲】

1 用菜刀在菜芯周圍切出刀口，將菜葉 1
片片剝下。

4 將菜葉捲成圓形，用菜刀切成絲。

2 把 **1** 放進調理盆裡，用流動的水充分清
洗乾淨。放進濾網瀝乾水分。

5 浸泡冷水 5 分鐘，就能產生清脆口感。

3 把堅硬的菜芯部分切掉，或是削薄。

6 放進蔬果脫水器，甩掉水分。

【用削片器刨絲】

1 高麗菜切成符合削片器尺寸的大小。切
除堅硬的菜芯。

【切片】

高麗菜清洗乾淨，瀝乾水分後，切成 8 mm
的方形。

2 調整削片器的厚度，進行刨絲。高麗菜
的份量減少後，手容易碰觸到刀刃，為
避免發生危險，請使用削片器隨附的安
全裝置，或是戴上手套。完成後清洗乾
淨，浸泡冷水後再瀝乾水分。

※ 如果用削片器刨成細絲，就能享受
鬆脆的纖維口感。製成鹽醃或醃菜的時
候，切成略粗的條狀或切片，則會比較
有存在感。

預先調味
【鹽醃】

醃泡前

醃泡後

切絲後的高麗菜製成鹽醃後，份量會減少，
口感也會改變。只要把鹽巴（高麗菜重量
的 1％）放進高麗菜裡面，抓醃後靜置 10
分鐘，然後再擠掉水分就可以了。
紫甘藍的葉子表面是紫色，但內側則是白
色，因此，切絲的剖面會呈現白色。除直
接使用外，製成鹽醃後，只要加入少量的
醋，就能讓整體染上鮮豔的色彩。

小黃瓜

小黃瓜成為餐桌主角的機會並不多，但在製作成三明治後，就能充分展現耀眼個性。只要稍微改變一下切法、厚度、預先調味的方法，就能製作出各種不同變化的三明治。

【圓片】

使用削片器刨削成薄片。口感會因為厚度而改變，厚度就依照使用需求進行調整吧！若是製成鹽醃的話，就要盡可能薄削。

【斜片】

三明治經常採用的切法。小黃瓜兩側的切割尺寸會變小，製作成三明治時，要考慮一下尺寸再使用。

【長條片】

切除蒂頭，長度切成對半後，用削片器將小黃瓜朝垂直方向刨削成薄片。推薦用來製作成茶點三明治，可以製作出高雅且漂亮的剖面。

【削皮切片】

1 切除蒂頭，用削皮器削除外皮。西式料理的小黃瓜大多都是削皮使用。

2 用削片器刨削成個人需要的厚度。削皮後，草腥味會比較溫和，味道也會比帶皮小黃瓜更細膩。

【切條】

1 切除蒂頭，長度切成一半。

2 縱切成 8 等分。可直接當成蔬菜棒使用，也可以製成醃菜。

【切丁】

進一步把切成條狀的小黃瓜切成相同寬度的丁塊狀。適合製成沙拉或三明治的頂飾。

【斜切】

1 縱切成對半，用湯匙把中央的種籽
部分挖空。成熟的夏季小黃瓜有比
較多的種籽，去除種籽後，就能產
生清脆口感。

2 斜切成厚度 5 ～ 8 mm 的條狀。適
合希望強調小黃瓜口感的三明治或
沙拉。

預先調味
【鹽醃】

1 測量小黃瓜片的重量，放入鹽
巴（小黃瓜重量的 2%）進行抓
醃。

2 放置 15 分鐘，確實擠掉水分。
小黃瓜的口感會改變，同時帶
點鹹味，增加製成三明治時的
存在感。

【醃泡】

測量長條小黃瓜片的重量，放入鹽
巴（小黃瓜重量的 2%）、少許的白
胡椒、醋（小黃瓜重量的 15%），
靜置 5 分鐘，讓調味料入味。若使
用於簡單的茶點三明治，就能營造
出高雅味道。用來夾麵包時，要先
用廚房紙巾按壓，吸掉多餘水分。
因為釋出的水分會讓鹹味變淡，所
以可以多撒一點鹽巴。醋建議使用
香檳白酒醋。

番茄

番茄比較柔軟，所以要使用比較銳利的菜刀。種籽周圍的膠狀部分
是鮮味所在，所以要保留下來使用。汆燙後，口感會變得更好，味
道更加高雅。

【蒂頭去除方法】

使用整顆番茄時，就用削皮刀或切
片刀，在蒂頭周圍切出刀口，挖出
蒂頭。切成半月切或梳形切的時候，
先縱切成對半，蒂頭部分就以 V 字
切的方式切除。

【圓切片】

切除蒂頭，橫向切出相同厚度。果肉
變薄，變得比較難切的時候，就把剖
面朝下，從側面切成薄片。

【半月切】

縱切成對半後，切除蒂頭，剖面朝
下，從有蒂頭的那邊開始切出相同厚
度。

【梳形切】

縱切成對半後，切除蒂頭，縱切成相
同等分。

【切丁】

把切成薄片或半月切的番茄，進一步
切成骰子狀。製作沙拉或醬料時使
用。切片或半月切的時候，最後比較
難切的邊緣部分，也可以應用在三明
治上面。

預先調味
【鹽巴、胡椒】

1 把番茄排在鋪有廚房紙巾的
調理盤裡面，表面撒上些許鹽
巴。背面同樣也要撒上鹽巴。

2 放置 5 分鐘，在使用前用廚
房紙巾按壓兩面，吸乾多餘的
水分。

3 撒上胡椒後，味道會更加紮
實。可根據搭配的食材、醬
料，選擇使用白胡椒或黑胡
椒。希望製作細膩口感時，使
用白胡椒。希望凸顯番茄的存
在感時，就使用黑胡椒。

油漬半乾番茄

1 迷你小番茄縱切成對半，剖面朝上，排放在調理盤裡面，撒上些許鹽巴。使用食品乾燥機（參考 p.55），用 65℃ 乾燥 2 小時。若是使用烤箱，就用 120℃ 加熱 1 小時。

2 放進乾淨的保存罐裡面，倒入完全淹過小番茄的 E.V. 橄欖油，放進冰箱保存。也可以添加蒜頭、香草（百里香、羅勒或迷迭香等）增添香氣。

番茄乾

使用食品乾燥機，用 65℃ 將切成梳形切的番茄乾燥 6～10 小時。確實去除水分後，就可以長時間保存。完全乾燥的番茄乾，可用大量的水或熱水泡軟後使用。也可以使用市售品。

汆燙去皮

1 挖掉蒂頭後，清洗乾淨。在底部的中央切出略淺的十字刀口。

2 用鍋子將水煮沸，放入 **1** 的番茄。皮稍微掀起後，馬上將番茄取出。標準大約是 15 秒左右。

3 放進冰水裡面急速冷卻。這是為了預防餘熱導致番茄過熟，同時，因為溫度差異的關係，番茄皮就更容易剝除。

4 從外皮掀起的地方，用手把外皮撕開。放在鋪有廚房紙巾的調理盤內，將表面的水吸乾後，就可使用。

小番茄汆燙去皮

在小番茄的蒂頭旁邊切出刀口，在沒有完全切開，果皮相連的狀態下，將小番茄放進熱水裡面。小番茄比較容易熟透，所以放進熱水後要馬上撈起。只要把蒂頭部分拉開，外皮就會跟著撕開。

胡蘿蔔

生胡蘿蔔非常適合搭配麵包，同時也能成為三明治的色彩及口感重
點。切絲預先調味後，份量就會減少，就可以更大份量地搭配麵包。

【響板切】

1　使用削皮器削皮，切除蒂頭和前
　　端。

2　長度切成一半。

3　縱切成 3 等分。如果胡蘿蔔比較
　　細，就切成對半。

4　進一步切成 3～4 等分。可製成
　　醃菜，或是當成蔬菜棒直接品嚐。

【用刨絲器刨絲】

使用刨絲用的刨絲器，或是 4 面起司
刨絲器（參考 p.54）的粗面進行刨絲。
用菜刀切絲，剖面比較平滑，口感比
較清脆，但是味道不容易滲入。使用
刨絲器的話，比較容易入味，口感比
較軟嫩。

【用電動蔬菜切片機刨絲】

製作大量胡蘿蔔絲時，如果有電動蔬
菜切片機（參考 p.54）就會更加便利。
可以毫無壓力且快速地製作出大量的
胡蘿蔔絲。

【用削皮器薄削】

使用削皮器，利用削皮的要領，連內
部也一起薄削。一邊旋轉胡蘿蔔，一
邊進行薄削，就能削出相同寬度。

預先調味
【鹽醃】

把鹽巴（胡蘿蔔絲重量的1%）放進胡蘿蔔絲裡面抓醃，進行預先調味。這樣可減淡胡蘿蔔的腥味，直接吃也同樣美味。份量減少之後，就更容易用麵包夾起來。也可依個人喜好，添加少許的白胡椒。

【拌美乃滋】

鹽醃之後，加入少許白胡椒在胡蘿蔔裡面，加入美乃滋混拌。美乃滋的份量大約是胡蘿蔔重量的20%。不同於涼拌胡蘿蔔（參考p.35）的簡單味道，可廣泛應用於三明治。如果用來取代鹽醃的胡蘿蔔，就能與其他食材更加調和。

甜醋漬胡蘿蔔和蘿蔔

1 胡蘿蔔削皮，切成5cm長。使用削片器薄削成厚度2mm的薄片。

2 切成1cm寬。

3 蘿蔔切成長度5cm，削掉略厚的外皮。

4 使用削片器，削成厚度3mm的薄片。蘿蔔鹽醃後，份量會大幅減少，因此，和胡蘿蔔混合時，厚度要比胡蘿蔔略厚一些，兩者的口感才會比較平均。

5 切成1cm寬。

6 放入鹽巴（胡蘿蔔和蘿蔔加總重量的2%）抓醃。蘿蔔的份量大約是胡蘿蔔的2～3倍，整體的味道會比較平均。

7 放置15分鐘後，放進濾網，瀝乾水分，稍微擠乾。

8 混入甜醋。假設擠乾水分之後，蘿蔔和胡蘿蔔的重量總計為200g，甜醋的份量大約是米醋15mℓ、水15mℓ、黃糖30g。適用越式法國麵包等異國風味的三明治。

洋蔥

在三明治當中,最常用來作為香味與口感重點的蔬菜。新洋蔥或紫洋蔥的辛辣味較少,適合生吃。辛辣較強烈的種類,就要泡水或醋水後再使用。

【切細末】

1 使用削皮刀把頭部切掉,剝除褐色的外皮。根部也要切除。

2 清洗後,縱切成對半。

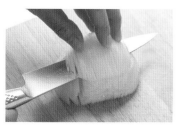

3 剖面朝下,縱向薄切,切的時候,不要把根部切斷。再進一步在橫向切出3～4刀。

4 從頭部朝尾端,將洋蔥切成細末。

【用削片器薄削】（切斷纖維）

用削片器將縱切成對半的洋蔥薄削成片。將根部朝上,從頭部開始薄削,薄削方向與纖維呈現垂直。切斷纖維比較容易消除辛辣口感,同時能使自然的甜味更加鮮明。口感溫和,就算生吃也很容易入口。

【用菜刀薄切】（沿著纖維）

1 縱切成對半,根部切出Ｖ字形刀口,切掉根部。

2 剖面朝下,沿著纖維切開。沿著纖維切,清脆的口感就會更加鮮明。生吃的話,辛辣味較少的新洋蔥或紫洋蔥比較適合。加熱時、希望增添口感的時候,也可以採用這種方法。

芹菜

生芹菜的清脆口感和清爽香氣是三明治的重點。只要採用切絲或切片，就不容易察覺到特有的香氣或腥味，先從少量開始試著組合吧！

【切片】

1 把葉和莖分開。葉子可用來幫炒物或燉煮料理增添香氣。

2 切掉根部，用削皮器削除較硬的筋。

3 切成符合個人喜好的厚度。用來提味時切成薄片，希望享受口感的話，就切成 3～5 mm 寬。

【用削片器薄削】

也可以使用削片器削成薄片。因為可以削出均勻的薄片，所以希望鹽醃或採用大量時，就會特別便利。

【切細末】

沿著纖維，縱切成細條後，再切成細末。製作沙拉等料理時，可以用來取代洋蔥，就能產生清爽口感，不會有辛辣味。

預先調味
【鹽醃】

1 用鹽巴（芹菜薄片重量的1%）抓醃。加上鹹味後，腥味會比較緩和，就更容易入口。

2 放置 5 分鐘後，稍微擠掉水分。也可以依個人喜好，灑上一點白胡椒。

甜椒

鮮豔的色調是幫三明治增添色彩的珍貴存在。去除內側的
白色瓜瓤後，口感就會變得更好。

形狀一致　　　碎粒　　　活用形狀
的細條　　　　　　　　的細條

【形狀一致的細條、碎粒】

1 把上下端切掉。

2 取出種籽。很難用手取出時，
也可以利用刀子切開。

3 縱向切開。

4 削掉內側的白色瓜瓤。

5 縱切出相同寬度。切掉上下端
之後，長度會變短，但是就能
切出均等大小。希望製作優雅
三明治時，或是醃菜都很適合。

6 前面切下來的上下部分，可以
切成 5 mm 的碎粒。製作醬料或
頂飾時使用。

預先調味
【鹽醃】

切成細條的甜椒鹽醃之後，甜椒的甜
味和酸味會變得更鮮明。鹽巴的份量
是甜椒重量的 1%。稍微擠掉水分後
再使用。份量減少後，三明治就可以
夾上較多份量，所以也適合以甜椒作
為主角的三明治。

【活用形狀的細條】

1 縱切成對半，去除種籽。進一
步切成對半後，削掉內側的白
色瓜瓤。

2 縱切出相同寬度。因為直接活
用甜椒本身的形狀，所以難免
因為上下弧度而出現寬度不均
的情況，不過，用於三明治的
時候，會比較容易使用，不會
造成浪費。

青椒

用於三明治時，縱切成對半，取出
種籽後，縱切成細條。青椒的果實
比甜椒薄且小，所以建議直接運用
原本的形狀，才不會造成浪費。

櫛瓜

生櫛瓜的硬脆口感是其他食材所沒有的特殊口感。不容易產生水分，是非常容易應用於三明治的蔬菜。

1 切掉上下端。

2 使用削片器，削切成薄片。

【用專用切割器切成麵條狀】

只要使用螺旋蔬果刨絲器（參考p.54），就可以把櫛瓜切成細長的麵條狀。各種蔬菜都可以用相同的方式切成麵條狀，這種「櫛瓜麵」在國外十分受歡迎。

苦瓜

鮮豔、美麗的綠色、獨特的苦味和清脆的口感，在三明治裡面格外醒目。切成薄片，軟化之後，就會變得更容易食用，厚切的話，則會增添口感。

1 縱切成對半，用湯匙把種籽和瓜瓢挖出。瓜瓢富含豐富的維生素C，苦味也不多，所以不需要完全清除。

2 切掉兩端，再切成相同寬度的薄片。

預先調味
【鹽醃】

苦瓜光是鹽醃，就能減淡苦味，變得更容易入口。鹽巴的份量是苦瓜重量的2%。如果再加上粗粒黑胡椒的話，味道就會更加扎實。若是搭配柴魚片，可增添鮮味，同時，柴魚片會吸收多餘的水分，就更容易搭配三明治。

白花椰菜

烹煮後會變得鬆軟，生吃則是呈現硬脆口感，適合製成三明治。因為比較硬，所以要採用薄切。

1 白花椰菜分切成小朵，清洗後，瀝乾水分。

2 縱切成薄片。

預先調味
【醃泡】

測量切片白花椰菜的重量，撒上鹽巴（白花椰菜重量的1%）、少許白胡椒後，淋上白酒醋（白花椰菜重量的15%）。只要稍做調味，就能產生鮮明的風味，增加在三明治裡面的存在感。

磨菇

歐美國家大多生吃，直接薄切製成沙拉，軟嫩的口感和溫和的味道非常適合搭配麵包。因為容易變色，所以要使用新鮮的種類。

1 薄切掉蒂頭，用廚房紙巾輕柔地擦掉表面的髒污。如果在意菇梗上面的髒汙，可以用削皮刀把菇傘和菇梗之間的皮刮掉。刮掉外皮之後，口感會變得更好，味道也更容易滲入。

2 縱切成相同寬度。也可以使用削片器削成薄片。

預先調味
【醃泡】

把鹽巴、白胡椒、檸檬汁各少許撒在切片的磨菇上面，進行預先調味。利用檸檬的香氣引誘出磨菇特有的香氣和清淡的味道。

塊根芹

生吃會有清脆芹菜般的香氣，加熱後則是宛如芋頭般的鬆軟口感。可以切絲製成沙拉或三明治。

1 厚削去除凹凸不平的外皮。外皮帶有香氣，所以可以用來增添湯或燉煮料理的風味。

2 用削片器削成薄片。塊根芹很硬，作業時要多加注意。

3 切成細絲。切絲後，更容易生吃，就可享受清脆口感。

長蔥

基本上，長蔥並不會拿來作為三明治的主角，不過，白髮蔥可以作為日式三明治的重點提味。

1 除蔥綠部分，將蔥白部分切成5cm長。

2 縱切出刀口，取出中央的芯。芯可切碎，用於湯品或炒物。

3 將周圍的蔥白部分重疊，沿著纖維，縱切成細絲。放進冷水內浸泡，讓其產生清脆口感，瀝乾水之後使用。

香草類

作為三明治的重點提味，或是增加醬料的風味，只要善加利用香草，
就能瞬間改變三明治的味道。生吃的話，基本上只使用葉子部分。

平葉洋香菜

1 抓著莖，輕柔地把葉子摘下。
平葉洋香菜的莖可以當成法國
香草束的材料之一，煮湯或燉
煮料理時，可用來增添風味。

2 葉子切成細絲。因為葉子很軟，
容易壓爛，所以要使用比較銳
利的刀。當成頂飾使用時，也
可直接使用。

3 將方向旋轉90°，進一步切成細
末。用來製作醬料的話，細末
會比較適合。

蒔蘿

蒔蘿的葉子很纖細，所以拔葉子的
時候，動作要盡量輕柔，避免壓爛。
使用時，再依照用途，進一步撕開。

薄荷

輕柔地摘下葉子，將葉子一片片摘
下。作為頂飾時，直接使用前端的4
片葉子。

香草類的保存方法

香草比較纖細且容易乾枯。變
軟的時候，就先浸泡冷水，待
恢復清脆之後，再將水瀝乾使
用。保存的時候，就用稍微沾
濕的廚房紙巾包覆，然後再裝
進保存容器，放進冰箱保存。

羅勒

輕柔地摘下葉子，將葉子一片片摘
下。葉子的尺寸大小不一，所以就依
照用途，進一步切開或是撕開使用。

芫荽

莖也可以生吃，所以可以連同葉子一
起切成細末。根部適合燉煮料理或炒
物等加熱烹調。

醃泡 生蔬菜

生蔬菜用醋或鹽浸漬後，就能誘出食材的味道，同時還能提高保存性。用醋製作的醃菜，只要把調味料混合在一起，就能輕鬆製作。用蔬菜和鹽巴製作的乳酸發酵醃菜，雖然需要花費較多時間才能完成，不過，獨特的芳香和酸味卻充滿魅力，和麵包搭配也格外獨特。

蜂蜜醃菜

在醃泡液裡面加入大量蜂蜜，不會太酸，味道溫和的基本醃菜，可搭配麵包，也可製成三明治，應用範圍相當廣泛。

材料（容易製作的份量）
個人喜愛的蔬菜 ※…… 450g
醃泡液
　白酒醋（米醋、蘋果醋等個人
　喜歡的醋皆可）…… 200㎖
　蜂蜜…… 60g
　紅胡椒（粒）…… 10 粒
　月桂葉…… 1 片
　鹽巴…… 10g
　白胡椒（粒）…… 10 粒

※ 這裡使用小黃瓜 150g、胡蘿蔔 150g、甜椒（紅、黃）150g。

1 製作醃泡液。把蜂蜜以外的材料和水 200㎖ 放進鍋裡，煮沸後，改用小火煮 5 分鐘。關火後，加入蜂蜜混拌，放涼冷卻。

2 將個人喜歡的生蔬菜切成條狀，放進保存容器，將 **1** 的醃泡液倒進容器裡面。在冰箱內放置一晚以上，讓味道充分入味。

小黃瓜、甜椒和紫洋蔥的速成醃菜

使用不加水，口味較濃醇的醃泡液，一邊誘出蔬菜的水分，一邊進行醃泡。就算只有短時間，仍舊可以充分入味，隨時都能用來製作三明治。

材料（容易製作的份量）
個人喜愛的蔬菜 ※…… 300g
醃泡液
　白酒醋（米醋、蘋果醋等個人
　喜歡的醋皆可）…… 150㎖
　黃糖…… 10g
　鹽巴…… 10g
　白胡椒…… 少許

※ 這裡使用小黃瓜 120g、甜椒（紅、黃）120g、紫洋蔥 60g。

1 製作醃泡液。把所有材料放進鍋裡，開中火加熱，一邊攪拌，使鹽巴溶解。煮沸後，關火。

2 將個人喜歡的生蔬菜切成條狀，或是切片，放進保存容器，將 **1** 的醃泡液倒進容器裡面。鋪上保鮮膜落蓋，放進冰箱靜置 30 分鐘至半天左右，讓味道充分入味。

德國酸菜

德語中的『酸高麗菜』是指，乳酸發酵的高麗菜保存食品，以及使用酸高麗菜的料理。和德國相鄰的法國阿爾薩斯地區也有名為「阿爾薩斯酸菜」的相同料理。相較於瓶裝或罐裝的進口產品，手工製作的德國酸菜，鹹味和酸味都比較溫和，可以當成沙拉品嚐。只要使用夾鏈袋，就能輕鬆浸漬製作。

材料（容易製作的份量）
高麗菜 …… 1 顆
鹽巴 …… 高麗菜重量的 2.5%
藏茴香 …… 1/3 小匙
杜松子 …… 1/3 小匙

1 高麗菜剝掉外葉，切成細絲。清洗乾淨後，用蔬果脫水器脫水，放進夾鏈袋。

2 把鹽巴、藏茴香、杜松子放進夾鏈袋，確實抓醃。高麗菜釋出水分後，在常溫下放置 15 分鐘，直到整體變軟。

3 擠出空氣，密封。氣溫較高的季節，可以直接放在常溫下發酵。

↓

氣溫較低的時期…

4 快完成的時候，高麗菜會發酵，產生氣泡，產生帶有酸味的發酵香氣。高麗菜的顏色會從綠色開始變白。試一下味道，感受到酸味後，放進冰箱內保存。

冬天比較不容易發酵的時候，也可以使用優格機進行溫度管理。把 **2** 裝進優格機隨附的瓶罐內。把 **1** 剝下的外葉清洗乾淨，折疊後塞進瓶罐內。

優格機設定為 25℃，把封蓋的瓶罐放進優格機裡面，保溫 72 小時。為避免高麗菜的水分溢出，保溫期間也要把高麗菜往下壓。

涼拌胡蘿蔔絲

簡單的胡蘿蔔沙拉是法國的經典小菜。所謂的 râper 是指，用磨泥器將硬質起司、硬的生蔬菜或檸檬皮等食材磨成粉末，或是切成小塊的意思，比起用銳利的菜刀切食材，使用磨泥器的切法會更容易入味，同時更容易製作出濕潤且軟嫩的口感。

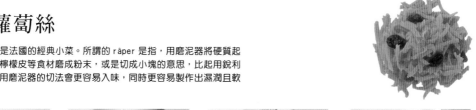

材料（容易製作的份量）
胡蘿蔔（切絲，參考 p.26）
…… 300g
葡萄乾……30g
檸檬汁……2 大匙
法國第戎芥末醬……1 小匙
鹽巴……4g
白胡椒……少許
E.V. 橄欖油……2 大匙

1 把胡蘿蔔放進碗裡，加入鹽巴均勻抓醃。

2 把檸檬汁、法國第戎芥末醬、白胡椒、E.V. 橄欖油放進另一個碗，用打蛋器充分攪拌混合，讓整體乳化。

3 把 **2** 的醬料和葡萄乾倒進 **1** 的碗裡，混拌整體。在冰箱內放置 30 分鐘以上，使味道入味。雖然馬上就可以上桌享用，但放置半天以上，酸味和甜味就會更加均勻。

咖哩醃白花椰菜

清淡的白花椰菜也是浸漬後可增添口感，適合製作成醃菜的蔬菜。帶有咖哩香氣的酸甜醃泡液，能夠誘出花椰菜的個性。

材料（1個1ℓ的保存罐）
白花椰菜……1個
醃泡液
　白酒醋……300㎖
　黃糖……40g
　咖哩粉……1小匙
　蒜頭……3g
　月桂葉……1片
　紅辣椒（去除種籽）……1/2條
　鹽巴……6g

1　把白花椰菜分成小朵，清洗後，確實瀝乾水分，放進乾淨的保存罐裡面。把醃泡液的所有材料和水150㎖放進鍋裡，開中火加熱，煮沸後，改用小火，煮5分鐘。趁熱的時候，倒進保存罐。

2　冷卻放涼後，蓋上蓋子，放進冰箱保存。放置2天入味。

蒔蘿醃小黃瓜

不使用醋，用鹽水浸漬，使其乳酸發酵的醃菜，蒔蘿的香氣和清爽的酸味，形成絕妙搭配。白花椰菜也能採用相同的做法。

材料（容易製作的份量）
小黃瓜（這裡使用迷你小黃瓜〔參考p.14〕）……350g
蒔蘿……2～3支
蒜頭（剝皮，去除蒜芯）……1/2瓣
月桂葉……1片
紅辣椒（去除種籽）……1/2條
芥末籽……1/3小匙
鹽巴……30g
白胡椒（粒）……1/3小匙

1　小黃瓜和蒔蘿清洗乾淨，瀝乾水分，放進乾淨的保存罐。把蒜頭、月桂葉、紅辣椒、芥末籽、鹽巴、白胡椒和水600㎖放進鍋裡，開中火加熱，沸騰後，關火。放涼冷卻之後，倒進保存罐。讓小黃瓜呈現浸泡在鹽水裡的狀態。

2　在常溫下，放置3天至一星期左右。氣泡會隨著發酵產生，所以每天都要打開蓋子。鹽水呈現白色渾濁之後，試味道，如果酸味適中的話，就可以放進冰箱保存。如果酸味不夠，就繼續在常溫下保存。冬天的時候，也可以使用優格機進行保溫。

醃橄欖

只要搭配醃菜一起常備，就會更加便利的醃橄欖。瓶裝或罐裝的橄欖都可以，只要稍微費點心思，就能變身成適合三明治的特別小菜。

材料（容易製作的份量）
綜合橄欖（綠橄欖、黑橄欖，依個人喜好搭配）……250g
個人喜愛的香草（平葉洋香菜、百里香等）……2支
蒜頭（磨成泥）……1/4瓣
白酒醋……1大匙
鹽巴……1/3小匙
白胡椒……少許
E.V.橄欖油……2大匙

把白酒醋、鹽巴、白胡椒放進碗裡，用打蛋器搓磨混拌。加入綜合橄欖、切碎的香草、蒜頭，稍微混拌後，加入E.V.橄欖油。完成後就可以馬上品嚐，不過，放進冰箱靜置半天以上，就能更加入味。

市售醃菜

小黃瓜醃菜或德國酸菜的市售品十分容易取得，只需要使用少量時，就會特別方便。
各家廠牌的酸味、口感都有不同，所以試著找出個人偏愛的口味吧！

酸黃瓜

所謂的 Cornichons 在法國是指小型的小黃瓜，而這種酸黃瓜也稱為 Cornichons。法國產的酸黃瓜帶有清脆的酸味和口感。以優質火腿為主角的長棍麵包三明治『法式火腿三明治』，就很適合搭配酸黃瓜。肉類料理也非常適合。

蒔蘿醃黃瓜

加上蒔蘿的迷你小黃瓜醃菜稱為蒔蘿醃黃瓜，是漢堡或熱狗麵包不可欠缺的食材。尺寸比酸黃瓜略大，口感偏軟，酸味也比較溫和。蒔蘿的清爽香氣是其特徵。

淺漬小黃瓜

淺漬小黃瓜屬於日本醃菜，水分較多，不適合搭配硬麵包，軟吐司或圓麵包比較適合。如果搭配酒釀味噌或梅子醬、青紫蘇，就能成為全新感覺的日式三明治。

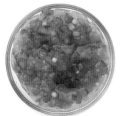

甜碎漬瓜

北美當地十分普遍的碎漬小黃瓜，可以用來搭配熱狗麵包或漢堡，或是用於塔塔醬。也可以用來幫三明治提味，或是取代醬料，直接使用。

醋漬青辣椒

西班牙巴斯克地區的竹籤小吃所不可欠缺的配菜，特徵是溫和的辛辣與酸味。搭配橄欖和鯷魚是最經典的組合。因為不會太辣，所以可以直接搭配麵包，也可以切碎後製成醬料，又或是當成調味的重點。

鹽漬橄欖

雖然橄欖既不是果實，也不是蔬菜，不過，本書則是把它當成凸顯生蔬菜的素材。瓶裝或罐裝的橄欖是鹽水醃漬。無籽的種類可以切碎搭配三明治，或製成醬料。有籽的種類可應用於沙拉或醃菜。

德國酸菜

把切絲的高麗菜製成鹽漬，再讓其發酵的德國保存食品，法國阿爾薩斯地區的阿爾薩斯酸菜也是相同的東西，通常都是瓶裝或罐裝的進口產品。鹹味或酸味太強烈時，可以泡水稀釋鹹味，或是用無鹽奶油稍微炒過後再使用。

醋漬紫甘藍

鮮豔色澤令人印象深刻的醋漬紫甘藍，有著略帶酸甜的清爽味道。可作為三明治的色彩重點。希望少量使用時，特別方便。不喜歡德國酸菜的酸味的人，也能輕易入口，同時也推薦搭配熱狗麵包。

油漬黑松露

把切片的黑松露放進油裡浸漬，即便只有少量，也能充分享受到松露的豐富香氣。切碎之後，和奶油混拌而成的松露奶油，有著絕佳的美味。雖然價格有點高，不過，只要吃上一次，就能真切感受到價值。

搭配生蔬菜的 基本醬料

美乃滋

三明治的製作當中，使用頻率最高的醬料就是美乃滋。材料是雞蛋、醋、油，以及鹽巴、胡椒。雖然隨處都可以買到市售品，不過，正因為簡單，所以拘泥於素材的手工製醬料反而格外美味。只要用蛋黃製作，就能製作出味道濃郁的奢華味道。只要自己親手製作，就能更明確地掌握自己喜歡的味道，就能更懂得如何善用市售品。可以試著替換醋或油的種類，或是添加芥末，又或是以原味的美乃滋為基底，試著和香草或香辛料等搭配組合。

材料（容易製作的份量）
蛋黃 ※……1 個
白酒醋（紅酒醋、米醋、蘋果醋等個人喜愛的醋皆可）……1 大匙
鹽巴……1/2 小匙
白胡椒……少許
太白芝麻油（沙拉油亦可）……180㎖

※ 也可以把蛋黃換成 1 顆全蛋。加入蛋白之後，味道會變得清爽。

1 蛋黃恢復至室溫。把蛋黃和白酒醋放進調理盆裡，用打蛋器攪拌混合。

＊冷藏的蛋黃不容易乳化，就會造成失敗。

2 加入鹽巴、白胡椒，充分攪拌至鹽巴溶解。

3 把太白芝麻油慢慢倒入，一邊攪拌混合。這個時候，拿一個可以把調理盆完整放入的鍋子，把濕布放在鍋底，再將調理盆放進鍋子裡面，就可以確實固定調理盆。

4 中途，停止添加太白芝麻油，持續攪拌至油充分融合的黏稠狀態。不要用打的，而是讓打蛋器緊密貼附在調理盆的底部，持續混合攪拌。每次把油倒入之後，都要確實讓材料乳化。

5 接著，材料會逐漸變得濃稠，手感會變得沉重。希望醬料不要那麼濃稠時，油就加少一點，如果希望濃稠一點，就多加一點油。試味道，如果感覺味道不夠，就再加點鹽巴、白胡椒。

利用手持攪拌機製作

可以一次把所有材料全部放入。如果只用一顆蛋黃，有時會很難乳化，所以就用全蛋下去製作吧！

製作方法 把所有材料放進廣口瓶或手持攪拌機隨附的容器裡面。在手持攪拌機緊密貼附容器底部的狀態下，啟動開關攪拌。乳化呈現黏稠狀態後，上下挪動手持攪拌機，讓整體均勻混合。

豆漿美乃滋

對雞蛋過敏的人、素食主義者、喜歡美乃滋的人，都可以嘗試看看這種『不使用蛋的美乃滋醬料』。味道清爽，沒有腥味，而且又能凸顯出生蔬菜的美味，使用方法和美乃滋完全相同。只要使用手持攪拌機，就可以瞬間乳化，製作出完美的美乃滋。

材料（容易製作的份量）
豆漿（成分無調整）……50㎖
米醋（白酒醋、蘋果醋等個人喜愛的醋皆可）……1 大匙
鹽巴……1/3 小匙
白胡椒……少許
太白芝麻油（沙拉油亦可）
……100㎖

1 把太白芝麻油除外的所有材料，放進廣口瓶或手持攪拌機隨附的容器裡面，啟動手持攪拌機的開關，持續攪拌至鹽巴完全融化為止。

2 加入太白芝麻油，在手持攪拌機緊密貼附容器底部的狀態下，啟動開關攪拌。乳化呈現黏稠狀態後，上下挪動手持攪拌機，讓整體均勻混合。

煉乳美乃滋

美乃滋加上煉乳的奶香甜味，形成酸味較溫和的香醇味道。若是搭配沙拉，會覺得甜味比較強烈，但如果是搭配生蔬菜的三明治，反而更能凸顯麵包的風味，讓整體的味道更加均衡。也可以依個人喜好，把煉乳換成蜂蜜，不過，質地會稍微改變，比較沒那麼濃稠。

材料（容易製作的份量）
美乃滋……50g
煉乳……10g

製作方法
將所有材料充分混合攪拌。

香草美乃滋

美乃滋和酸奶油的組合，清爽酸味和乳香風味令人印象深刻。加上大量的新鮮香草，更顯清爽。只要把原味美乃滋換成香草美乃滋，素材的新鮮感就會更加鮮明。

材料（容易製作的份量）
美乃滋……50g
酸奶油……40g
香草（搭配蒔蘿、細葉香芹、平葉洋香菜等，切成細末）……3g
鹽巴、白胡椒……各少許

製作方法
將所有材料充分混合攪拌。

羅勒醬

香草當中最受歡迎的羅勒，只要製成醬料，只能更容易使用於三明治，可以增添清爽的香氣。感覺少一味的時候，只要抹上少量，就能瞬間改變印象。買到大量羅勒的時候，可以先製作起來，再分裝成小份冷凍就可以了。

材料（容易製作的份量）
羅勒葉……30g
蒜頭（剝皮，去除蒜芯）……2g
鹽巴……1/4 小匙
E.V. 橄欖油……80㎖

1 把所有材料放進攪拌機的容器內，啟動開關進行攪拌。這裡使用的是攪拌機，如果份量較少的話，也可以使用手持攪拌器。

2 中途，用橡膠刮刀把飛濺的材料往下撥，一邊持續攪拌，直到整體呈現柔滑狀。

酸豆橄欖醬

用黑橄欖、鯷魚、酸豆製作，法國普羅旺斯地區的醬料，非常適合搭配沙拉或水煮蛋。材料本身的味道或鹹味比較強烈，因此，只要使用少量，就能增添三明治的風味。口味清爽的生蔬菜三明治，只要加上酸豆橄欖醬，就能產生更有層次的味道。

材料（容易製作的份量）
黑橄欖（去籽）……80g
鯷魚……20g
酸豆……15g
蒜頭（剝皮，去除蒜芯）……3g
E.V. 橄欖油……50㎖

1 把 E.V. 橄欖油除外的所有材料，放進廣口瓶或手持攪拌機隨附的容器裡面，啟動手持攪拌機的開關，持續攪拌至材料呈現柔滑狀態。

2 加入 E.V. 橄欖油，在手持攪拌機緊密貼附容器底部的狀態下，啟動開關攪拌。乳化呈現黏稠狀態後，上下挪動手持攪拌機，讓整體均勻混合。

洋蔥沙拉醬

若要搭配生蔬菜沙拉的話，用醋、油、鹽巴、胡椒製作的簡單油醋醬，可說是最基本的醬料，但若要應用在三明治上面，就必須有某種程度的濃稠度。就基本的沙拉醬來說，本書的作法是使用洋蔥來增添蔬菜的香氣與濃稠。只要再進一步搭配美乃滋，就能形成更容易使用於三明治的濃稠度。

材料（容易製作的份量）
洋蔥（切碎粒）……200g
蒜頭（剝皮，去除蒜芯）……3g
法國第戎芥末醬……15g
白酒醋……150㎖
蜂蜜……20g
鹽巴……10g
白胡椒……0.5g
太白芝麻油（沙拉油亦可）
……140㎖
E.V. 橄欖油……100㎖

1 把太白芝麻油和 E.V. 橄欖油除外的所有材料，放進廣口瓶或手持攪拌機隨附的容器裡面，啟動手持攪拌機的開關，持續攪拌至洋蔥呈現膏狀。

2 加入太白芝麻油和 E.V. 橄欖油，在手持攪拌機緊密貼附容器底部的狀態下，啟動開關攪拌。乳化呈現黏稠狀態後，上下挪動手持攪拌機，讓整體均勻混合。

義式番茄醬

用新鮮番茄和羅勒製作的義式冷製番茄醬。番茄稍微花點工夫川燙，誘出番茄的甜味，口感也會變得更好。推薦使用水果番茄，不過，就算用一般的番茄或迷你番茄，也是沒問題的。覺得酸味太強烈的話，可以添加蜂蜜，調整成稍微感受到甜味的程度。

材料（容易製作的份量）
水果番茄……200g
羅勒……5g
蒜頭（磨成泥）……3g
蜂蜜……1 小匙
鹽巴……少許
白胡椒……少許
E.V. 橄欖油……2 大匙

1 水果番茄切除蒂頭，用熱水汆燙（參考 p.25）後，切成 10 ㎜ 丁塊狀。

2 把切成細末的羅勒、**1** 的水果番茄、蒜泥、蜂蜜、鹽巴、白胡椒放進調理盆，充分攪拌混合。最後再拌入 E.V. 橄欖油。放進冰箱冰鎮後食用。

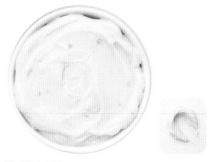

檸檬奶油

和各種食材混合搭配的奶油稱為「調味奶油」（beurres composés），在法國料理中，主要是搭配肉類料理或魚類料理，或是用於醬料的最後調味、法式小點等。檸檬奶油則是生蔬菜三明治的萬用調味奶油。利用檸檬皮和果汁的清爽香氣，改變三明治的印象。

材料（容易製作的份量）
無鹽奶油……80g
檸檬皮（磨成泥）……1/2 顆
檸檬汁……1 小匙
鹽巴……少許
白胡椒……少許

製作方法　將所有材料充分混合。

松露奶油

雖然絕對稱不上是萬能，不過，單靠這個奶油和麵包的搭配，就能讓紅酒一杯接一杯，是非常特別的奶油。加上大量的油漬松露，製作出優雅香氣。使用法國產有鹽發酵奶油更是重點。鮮明的鹹味和濃郁，絕對不輸給松露的香氣。

材料（容易製作的份量）
有鹽發酵奶油
　（法國產尤佳）……50g
油漬黑松露
　（把油瀝乾後，切成細末）……10g

製作方法
將所有材料充分混合。

黑胡椒奶油起司

實際測量黑胡椒的重量才發現份量還挺多的，不過，大量混合就是關鍵所在。奶油起司的濃郁，加上黑胡椒的香氣和辛辣，增加在三明治裡面的存在感。稍微加點鹹味，調整整體的味道吧！

材料（容易製作的份量）
奶油起司……100g
黑胡椒（粗粒）……5g
鹽巴……少許

製作方法
將所有材料充分混合。

瑞可塔奶油醬

瑞可塔起司是義大利的新鮮起司，是將製造起司時產生的乳清（Whey），重新加熱後再加以凝固而成。低脂清爽，同時又能感受到乳香甜味。搭配蜂蜜和鹽巴，讓味道更加紮實，同時再利用黑胡椒提味，製作出成人風味的奶油醬。很適合搭配番茄或甜椒。

材料（容易製作的份量）
瑞可塔起司……100g
蜂蜜……16g
鹽巴……1 撮
黑胡椒（粗粒）……少許

製作方法
將所有材料充分混合。

辣根酸奶油

酸奶油和奶油起司，同樣都是乳製品，外觀看起來類似，但味道卻各有特色。光是塗抹在麵包上，就能馬上改變印象，所以就好好運用其獨特的個性性吧！酸奶油的酸味，只要利用鹽巴、胡椒加以調味，味道就能更加協調。

材料（容易製作的份量）
酸奶油……50g
辣根（磨成泥，亦可用市售的
辣根醬）……5g
檸檬汁……1 小匙
鹽巴……少許
白胡椒……少許

製作方法
將所有材料充分混合。

法式香草白奶酪蘸醬

Cervelle de canut 法語的意思是「紡織工人的腦髓」，是法國里昂的知名起司料理，塗抹在麵包上即可享用。通常是使用白乳酪，不過，改用瀝水優格會更容易製作。紫洋蔥如果使用火蔥的話，就會更加正統。

材料（容易製作的份量）
原味優格
（瀝乾後份量剩半）……50g
紫洋蔥（切細末）……10g
香草（蒔蘿、茴香芹、平葉洋
香菜等，切細末）……10g
蒜頭（磨成泥）……2g
鹽巴……少許
白胡椒……少許

製作方法 將所有材料充分混合。

凱撒醬

以美乃滋和原味優格為基底，再搭配上帕馬森起司和鯷魚的沙拉醬，非常適合搭配菜葉蔬菜。為了更容易使用於三明治，刻意製作得比一般沙拉醬更濃稠。基於口味搭配的問題，本書並沒有添加蒜頭，不過，也可以依個人喜好，添加少許蒜頭。

材料（容易製作的份量）
美乃滋……50g
原味優格
（瀝乾後份量剩半）……50g
帕馬森起司（粉末）……20g
鯷魚……10g
檸檬汁……1/2 大匙
鹽巴……1/8 小匙
黑胡椒（粗粒）……1/2 小匙
E.V. 橄欖油……1 大匙
製作方法 將所有材料充分混合。

俄式沙拉醬

魯賓三明治必備的醬料，非原產自俄羅斯，而是產自美國的沙拉醬。以美乃滋和番茄醬為基底的熟悉味道，可以廣泛應用於沙拉或三明治的醬料。

材料（容易製作的份量）
美乃滋……30g
番茄醬……30g
原味優格……20g
酸奶油……10g
辣根（磨成泥）……3g

製作方法
將所有材料充分混合。

搭配生蔬菜的

香辛料、乾香草與調味料

香辛料、香草或市售的調味料，不僅可以用來作為主要調味，也可以用來預先調味、提味，或是作為最後的重點味覺，只要加以活用搭配，就可以製作出更多的層次風味。即便是胡椒，也會有黑白之分、細粒或粗粒，又或者即便同樣都是粗粒，也會因研磨狀態而有不同的香味呈現。芥末同樣也有不同的個性味道。就先逐一品嚐，然後再試著搭配組合吧！

細粒

白胡椒

磨成細粒後，作為料理的預先調味使用。因為是白色，所以不會破壞料理的顏色或外觀，同時又能增添辛辣與香氣。最好和黑胡椒分開使用。

粗粒

黑胡椒

白胡椒是讓果實完熟之後，再將外皮去除，相對之下，黑胡椒則是完熟前的果實。帶有粗曠的辛辣與香氣，粗粒使用於重點調味。

紅胡椒

通常是由胡椒樹的果實乾燥而成，並不是胡椒。隱約的甜味和清涼感的香氣令人印象深刻。使用於香氣與色彩的妝點。

卡宴辣椒粉

將乾燥的紅辣椒磨成粉所製成，辣度強烈。又稱為紅椒粉、智利辣椒粉。作為重點調味時，非常容易使用，但要注意用量。

埃斯普萊特辣椒粉

法國巴斯克地區特產的辣椒。甜味和辣味兼具，風味十分豐富。適合用於三明治或料理的最後重點調味。

辣椒粉

有著鮮豔的紅色，香氣帶有隱約的甜味。屬於辣椒的一種，不過，並不會辣，增添風味或色彩時可使用。

芥末籽

西洋芥末的種籽，有溫和的辛辣和豐富的香氣。適合醃泡或醃菜等醃漬料理。

杜松子

用來幫作為雞尾酒基底的『琴酒』增添香氣的香辛料。味道和高麗菜十分契合，製作德國酸菜時必備的材料。

藏茴香

可感受到蒔蘿的香氣和隱約的甜味，很適合搭配裸麥麵包。搭配杜松子，就成了德國酸菜必備的香辛料。

平葉洋香菜

就算乾燥仍可感受到清爽的香氣和微苦。容易作為料理的味覺重點。醬料等少量使用時，也可以改用新鮮的。

牛至

非常適合搭配番茄料理的唇形科香草，披薩的必備材料。乾燥後仍具有特殊的清涼感，同時也是消除魚肉類料理腥味的珍貴材料。也很適合沙拉。

檸檬草

帶有檸檬香氣的清爽香草。東南亞料理必備。纖維較硬，所以要切碎使用，用來增添料理的風味。

法國第戎芥末醬

法國第戎的傳統芥末醬。清爽的酸味和辛辣相得益彰，特色是柔滑的口感和醇厚的味道。

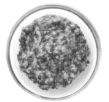

芥末粒

直接用芥末的種籽入菜，就可以享受到顆粒口感。和第戎芥末醬相比，辛辣味比較溫和。

黃芥末

鮮豔的黃色令人印象深刻，看似辛辣，事實上卻不辣。有清爽的酸味和淡淡的甜味，口感柔滑。熱狗麵包必備。

日式芥末醬

西洋芥末的辛辣味較溫和，在料理中使用的份量較多，相對之下，日式芥末具有強烈的辛辣。少量使用於重點味道即可。

山葵醬

日式料理不可欠缺的重點調味料，不過，原料大多使用西洋山葵居多。辛辣味強烈，就算只有少量，也能成為味覺重點。

梅子醬

以梅乾為基底的膏狀調味料，日本才有的調味料。清爽的酸味和梅子的香氣帶給人舒爽感受，可作為日式三明治的味覺重點。

蒜泥

幫料理增添風味時，絕對不可欠缺的蒜頭，可廣泛應用於料理的預先調味或醬料類。製作少量醬料時，市售的蒜泥產品格外方便。

辣根醬

日本國內很難買到烤牛肉必備的西洋山葵，不過，若是現成的市售品則能隨處取得。味道比日本山葵更加醇厚。

柚子胡椒

用辣椒、柚子和鹽巴製成的調味料，在以大分為中心的九州各地十分普遍。柚子的清涼感和辛辣相得益彰，也很適合搭配蔬菜。

芹鹽

添加了芹菜籽粉末的鹽巴。適合所有
蔬菜的簡單風味，感覺料理少一味
的時候，特別好用。也很適合搭配番
茄。芝加哥風味的熱狗麵包必備。

松露鹽

添加了乾燥松露的鹽巴。可輕鬆享受
昂貴松露的香氣。適合雞蛋和肉類料
理。沙拉只要灑上一點，就能營造出
高級感。

杜卡

埃及的混合香辛料，由芝麻、孜然、
芫荽等種籽類香辛料，加上堅果和鹽
巴混合而成。希望增添口感和香氣的
時候，特別方便。

酒醪味噌

所謂的酒醪是指，在米、大豆、麥等
原料，加入麴或鹽巴等，讓原料發酵
後的液體裡面的固體物，酒醪味噌不
是用於味噌湯等的調味，而是運用其
顆粒口感，可直接食用的味噌。

醬油

代表日本的調味料。只要添加少量，
就成了日式風味。搭配美乃滋等醬
料，增加濃稠度之後，就能更容易使
用於三明治。

炸豬排醬

可感受到水果或蔬菜甜味的濃醇味
道。比辣醬油、伍斯特醬更加濃稠，
除了炸豬排之外，可樂餅或炸物也很
適合。

番茄醬

美國的三明治經常使用。番茄的酸味
和甜味非常適合搭配美乃滋，也可以
混拌製成醬料。

魚露

泰國的魚醬，泰式料理必備的調味
料。有獨特的香氣、強烈的鮮味和鹹
味。越南魚露稱為 Nước mắm，越
式法國麵包也會使用。

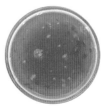

甜辣醬

越南或泰國使用，酸甜與辛辣混合在
一起的醬料。適合搭配各種食材，不
過，因為味道比較強烈，所以也可以
和美乃滋等醬料混拌。

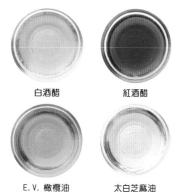

白酒醋　　　　紅酒醋

E.V. 橄欖油　　太白芝麻油

醋和油

生蔬菜不可欠缺的沙拉醬是以醋、油
和鹽巴為基礎。正因為簡單，所以光
是醋和油的種類差異，就能產生極大
的味道變化。法國的紅酒醋有著鮮明
的酸味和果香。白酒醋清爽，紅酒醋
濃郁。日本的米醋則有著令人熟悉的酸
味。蘋果醋的酸味比較溫和。
用油作為沙拉醬的基底時，沒有香氣的
種類比較容易使用。太白芝麻油是沒有
腥味的萬能油。E.V. 橄欖油可運用其新
鮮的香味和獨特的辛辣，重點使用。

搭配生蔬菜的

肉類、魚貝類加工品

製作三明治的時候，火腿、煙燻鮭魚等肉類加工品或魚貝類加工品也是十分重要的食材。不同於享受素材原味的生蔬菜，加工的食品會因為品質的不同，而有極大的味道差異，品質也會相對反映在價格上面。例如，以火腿來說，在比較優質產品和廉價產品的同時，也要稍微確認一下原料。依照想製作的三明治去挑選對應的食材，也是非常重要的環節。

火腿

里肌火腿

帕爾瑪火腿

叉燒

火腿類

所謂的火腿 Ham，在英語中指的是『豬的大腿肉』，原本是指豬大腿肉的加工品。像法式火腿三明治那種主食三明治，主要都是使用優質火腿。若是吐司三明治則是尺寸較小的里肌火腿比較容易使用。將圓形火腿夾進方形麵包的時候，要注意沒有排放到火腿的部分。帕爾瑪火腿是義大利的生火腿，就算只有少量，仍然可以凸顯出蔬菜的味道。叉燒是亞洲的豬肉加工品，就算用來取代火腿也沒問題。

培根

香腸

烤牛肉

燻牛肉

其他肉類加工品

在豬肉加工品當中，尤其需要堅持品質的是培根。優質的培根能夠明顯感受到豬五花的鮮味，若製成 B.L.T，就能發揮其真正的價值。香腸有各式各樣的尺寸、形狀、加工方法。本書是將煙燻類型的粗絞肉香腸使用於熱狗麵包。牛肉加工品也很適合三明治。烤牛肉是運用牛肉本身的簡單味道。帶黑胡椒辛辣的燻牛肉則是美國三明治必備的。

煙燻鮭魚

油漬鮪魚

蟹味棒

鰻魚

魚貝加工品

三明治搭配魚貝類食材的時候，和火腿等肉類加工品一樣，已經加工過的魚貝類加工品特別容易使用。因為魚貝類有時會有令人在意的特殊腥臭味，所以經常會搭配香草、香辛料或香味蔬菜。煙燻鮭魚搭配蒔蘿。鮪魚則可以搭配胡椒或檸檬汁。蟹味棒雖然是日本產物，不過，在歐美地區也很受歡迎，很適合搭配三明治。將日本鰻鹽漬的鰻魚，可運用其鮮明的鹹味和特有的鮮味，作為味道的重點使用。

搭配生蔬菜的 基本餡料

香辣烤雞

把容易乾柴的雞胸肉烤出軟嫩口感。搭配大量的香辛料，就算直接享用也非常美味。是非常受歡迎的三明治主菜、沙拉配菜。融合雞肉鮮味和香辛料的燒烤醬汁，也要一滴不剩地善加利用。

材料（容易製作的份量）
雞胸肉……1.2kg
蒜頭（磨成泥）……6g
蜂蜜……15g
卡宴辣椒粉……1.2g
鹽巴……10g
黑胡椒（粗粒）……1.2g
白胡椒……1.2g
E.V. 橄欖油……2 大匙

1 用肉鎚（擀麵棍亦可）捶打雞胸肉的兩面。捶打之後，雞肉纖維會斷裂，味道就更容易入味。比較厚的部位要更猛力地捶打，讓厚度一致，受熱就會更加平均。

2 把雞胸肉放進調理碗，放入鹽巴和蜂蜜，充分搓揉。

3 加入蒜泥、卡宴辣椒粉、黑胡椒、白胡椒，讓調味料充分入味。蓋上保鮮膜，在常溫下放置30 分鐘。沒有時間的話，也可以馬上進行燒烤。

4 淋上 E.V. 橄欖油，讓整體裹滿油後，讓雞皮面朝上，排放在調理盤上。用預熱至 180℃的烤箱烤 20 分鐘。

5 加熱完成後，直接在烤箱裡面放置 5 分鐘後，取出。覆蓋上鋁箔紙，再進一步放置 10 分鐘。

6 如果在溫熱狀態下切開，肉汁會流出，所以要等放涼冷卻後再切。使用於三明治時，就切片成個人喜愛的厚度。

搭配醬汁

使用於沙拉時，建議切成 10 mm 左右的丁塊狀。只要淋上調理盤內的醬汁，味道就會更鮮美。切片使用的話，就先排在盤上，然後再淋上醬汁。

舒肥雞胸肉

近年來，以雞胸肉加工品的型態問世，深受消費者喜愛的經典商品。雖然市售品比較方便，不過，親手製作更能善用食材本身的美味。只要使用低溫調理機就能簡單製作。有時間的話，可以一次製作較多份量，然後再冷凍保存。

材料（容易製作的份量）
雞胸肉（去皮）……2 片
蜂蜜……雞肉重量的 1%
鹽巴……雞肉重量的 1%
白胡椒……少許

1 用肉鎚（擀麵棍亦可）捶打雞胸肉的兩面。捶打之後，雞肉纖維會斷裂，味道就更容易入味。比較厚的部位要更猛力地捶打，讓厚度一致，受熱就會更加平均。

2 把 **1** 的雞胸肉放進夾鏈袋，加入蜂蜜、鹽巴、白胡椒，使整體入味。將雞胸肉擺放平整，避免雞胸肉在袋內重疊，將空氣排出，然後將袋口密封。在冰箱內放置半天，讓味道入味。

3 使用低溫調理器，用 63℃ 的熱水，隔水加熱 1 小時。沒有低溫調理器的話，也可以一邊透過溫度管哩，一邊用小火隔水加熱。

4 加熱完成後，放進裝有冰水的調理盆，急速冷卻。急速冷卻可以馬上阻斷加熱，就能更快速地避開破壞肉質的溫度範圍。

5 不馬上使用時，就在密封狀態下放進冰箱或冷凍庫保存。冷藏可保存 3 天，冷凍約可保存 1 個月。

6 使用於三明治時，切片成個人喜愛的厚度。也可以像雞絲那樣，沿著纖維撕開。

雞肉沙拉

把舒肥雞胸肉撕開，再和美乃滋、法國第戎芥末醬加以混拌，就大功告成。簡單的雞肉沙拉是非常適合搭配蔬菜，非常好應用的一道料理。

材料（容易製作的份量）
舒肥雞胸肉
（參考上述，雞絲或市售品亦可）……300g
美乃滋……40g
法國第戎芥末醬……5g

1 沿著纖維，用手把舒肥雞胸肉撕開。

2 加入美乃滋和法國第戎芥末醬，充分混拌。若是使用舒肥雞胸肉製作的話，就不需要添加鹽巴、胡椒，但如果使用的是雞絲或市售品，就要試一下味道，如果味道不夠，就要添加鹽巴、白胡椒，進行調味。

油封鰹魚

鮪魚三明治的鮪魚，通常都是使用罐裝鮪魚等市售產品，不過，如果改用親手製作的話，就能享用更特別的美味。買到新鮮鰹魚的時候，就試著挑戰看看。撕成大塊，製作成三明治或沙拉，就能實際感受到優質美味。如果不計較成本的話，也可以用鮪魚製作，就能享用更高雅的絕佳美味。

＊所謂的罐裝鮪魚 tuna，泛指被分類在鱸形目鯖科鮪魚屬的魚，不光是鮪魚，鰹魚也包含在其中。市售的罐裝鮪魚大多都是使用鰹魚，而不是鮪魚。

材料（容易製作的份量）
鰹魚（生魚片用的魚塊）……400g
百里香……1 支
月桂葉……1 片
蒜頭（剝皮，去除蒜芯）……1/2 瓣
鹽巴……4g（鰹魚重量的 1%）
白胡椒（粒）……1/4 小匙
E.V. 橄欖油……2 大匙

1 把鰹魚放進調理盤，將少量的鹽巴（份量外）塗抹於兩面。蓋上保鮮膜，放置 10 分鐘，用廚房紙巾按壓，吸乾多餘的水分。

2 把 **1** 的鰹魚放進夾鏈袋，在整體撒上鹽巴，同時放入 E.V. 橄欖油、百里香、月桂葉、蒜片、白胡椒。將鰹魚擺放平整，避免袋內的鰹魚重疊，擠出空氣，將袋口密封。在冰箱內放置半天，讓味道入味。

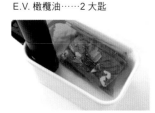  

3 使用低溫調理器，用 50℃的熱水，隔水加熱 30 分鐘。沒有低溫調理器的話，也可以一邊透過溫度管哩，一邊用小火隔水加熱。

4 加熱完成後，放進裝有冰水的調理盆，急速冷卻。急速冷卻可以馬上阻斷加熱，就能更快速地避開破壞肉質的溫度範圍。

5 不馬上使用時，就在密封狀態下放進冰箱保存。約可保存 5 天左右。

鮪魚沙拉

可作為三明治的基本餡料，同時又能應用於各種料理的鮪魚沙拉，用辛辣味較少的紫洋蔥彌補口感和香氣。再依個人喜好，添加一點檸檬汁，就能製作出清爽口感。

材料（容易製作的份量）
油封鰹魚（市售品，將油瀝乾）……200g
紫洋蔥（切細末）……50g
美乃滋……50g
鹽巴……少許
白胡椒……少許

1 把油封鰹魚放在濾網上面，瀝掉多餘的油之後，測量重量。這裡使用的是市售產品，若使用自製油封鰹魚（參考上述）的話，就預先搓散備用。

2 把 **1** 的鰹魚放進碗裡，加入紫洋蔥、美乃滋混拌。加入鹽巴、白胡椒進行調味。

鮭魚泥

煙燻鮭魚是非常容易應用於三明治的食材，但是，有些人比較不能接受它的特殊氣味。只要搭配奶油起司和帶有清爽香氣或酸味的食材，再進一步製成泥狀，就能成為非常優質的三明治餡料。

材料（容易製作的份量）
煙燻鮭魚⋯⋯100g
奶油起司⋯⋯50g
酸豆⋯⋯10g
檸檬皮（磨成泥）⋯⋯1/3 個
蒔蘿⋯⋯少許
鹽巴⋯⋯少許
白胡椒⋯⋯少許
E.V. 橄欖油⋯⋯1 大匙

1 把煙燻鮭魚切成小塊。

2 將 **1** 的煙燻鮭魚、奶油起司、酸豆、檸檬皮、蒔蘿、E.V. 橄欖油放進食物調理機，攪拌至柔滑程度。加入鹽巴、白胡椒進行調味。

火腿泥

火腿通常都是直接夾進三明治裡面，不過，若是製作成泥狀，就會備感新鮮。運用柔滑且高雅的味道，簡單搭配生蔬菜吧！利用法國第戎芥末醬製作出辛辣的餘韻口感。

材料（容易製作的份量）
火腿⋯⋯100g
鮮奶油⋯⋯80g
法國第戎芥末醬⋯⋯5g
無鹽奶油⋯⋯15g
鹽巴⋯⋯少許
白胡椒⋯⋯少許

1 把火腿切成小塊。

2 將 **1** 的火腿、鮮奶油、法國第戎芥末醬、無鹽奶油放進食物調理機，攪拌至柔滑程度。加入鹽巴、白胡椒進行調味。

雞蛋沙拉

製作三明治的必備餡料，適合搭配各種食材，色彩也充滿魅力。只要用美乃滋、鹽巴和白胡椒，就能簡單製作。也可以試著改變美乃滋的用量，又或者是添加香草，增添更多不同的變化。

材料（容易製作的份量）
水煮蛋⋯⋯3 個
美乃滋⋯⋯30g
鹽巴⋯⋯少許
白胡椒⋯⋯少許

1 把水煮蛋切成小塊。如果使用網格濾網的話，就能簡單壓出平均的顆粒大小。

2 將 **1** 的水煮蛋、鹽巴、白胡椒放進碗裡，預先調味至稍微感受到一點鹹味的程度後，加入美乃滋拌勻。

搭配生蔬菜的 麵包

濕潤、柔嫩、入口即化的日本方形吐司，適合搭配各種不同的食材，是製作三明治的最佳主角。本書將以方形吐司的三明治為基礎，然後在探索各種蔬菜個性的同時，與世界各地的麵包搭配組合。

硬式麵包

坎帕涅麵包（橢圓形）

法國的鄉村麵包。有巨大的圓形或橢圓形等各種形狀，不論是形狀或是味道，都會因麵包師傅的手藝而有不同。酸味溫和、口味清淡的生蔬菜類型，比較容易搭配。

迷你法國麵包

就算製作成三明治，仍然十分容易入口的小型法國麵包。雖然沒有長條麵包那樣的正式名稱，不過，許多麵包店都會用它來製作三明治。

長棍麵包

法國最具代表性的主食麵包，最大的特徵就是細長的外型和酥脆的麵包皮。製作成三明治時，要注意口感的均衡和生蔬菜的水分。

全麥粉麵包（橢圓形）

添加了全麥粉的麵包，香氣濃郁，非常適合用來製作三明治。食物纖維豐富，GI 值低於白麵包的部分也是其魅力所在。

乾果裸麥麵包

添加了葡萄乾、小紅莓等乾果的裸麥麵包。水果的甜味是味覺的重點所在，搭配起司的效果出類拔萃。

吐司

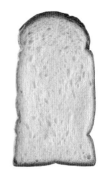

方形吐司

最基本的原味吐司。因為模型加蓋烘烤的關係,麵包心濕潤且柔軟,不僅適合製作成三明治,同時也非常適合製成烤吐司。從薄切到厚切,都可自由選擇享用。

全麥粉吐司

使用全麥粉,食物纖維豐富的健康麵包,近幾年開始大受歡迎。簡樸的味道和香氣是其特徵所在。烤過之後,香氣就會更濃郁。

裸麥吐司

混入裸麥,風味豐富的吐司,很適合製作成三明治。薄片類型比較適合。和乳製品、魚貝類也十分速配,能品嚐到別具個性的味道。

山形吐司

模型沒有加蓋,所以麵團會在烘烤期間向上隆起,使頂端呈現宛如高山般的形狀,因而有了山形吐司的名稱。又稱為英式吐司。和方形吐司相比,質地略粗,烤過之後,會產生酥脆的口感。

世界各國的麵包和小型麵包

可頌

法國早餐的基本餐點,通常都是直接享用。法國當地很少用它來製作成三明治,但其實非常適合搭配生蔬菜,可以多多嘗試、挑戰。

佛卡夏

義大利的板麵包。特色在於橄欖油的香氣和酥脆的口感,很適合搭配生蔬菜。十分柔軟,所以可以搭配大量的蔬菜。

凱薩麵包

源自於澳洲的小型麵包,德國當地也十分普遍。除了原味之外,還有以芝麻或罌粟作為頂飾的種類。口感酥脆,適合製作成三明治。

貝果

從紐約普及至全世界,源自猶太人的麵包。特色是水煮後再烘烤的彈牙口感。基本上是搭配奶油起司,製作成三明治。

越南法國麵包

越南的法國麵包。麵包皮較薄,口感輕盈酥脆,就算搭配大量蔬菜仍然容易食用。也可以用軟式法國麵包代替。

鹽麵包

把奶油捲進麵團中央,撒上鹽巴後,再進行烘烤的簡單麵包。近年來在日本國內大受歡迎。鹽巴和奶油的簡單味道,很適合製成三明治。

熱狗麵包

熱狗麵包用的細長麵包。柔軟、容易食用,除熱狗麵包之外,也可以廣泛應用於蔬菜三明治。

奶油捲麵包

添加了雞蛋和奶油的奢華味道。甜味溫和、口感柔軟、容易食用,小尺寸的感覺也非常容易使用。

蔬菜的道具

說到處理或烹調蔬菜，絕對不可欠缺的道具，例如，蔬果脫水器。只要有這個道具，就可以毫不費力地瀝乾水分，同時也能縮短作業時間。另外，用菜刀處理蔬菜的時候，如果有專用的切割器，任何人都可以切割出平均的尺寸。以下介紹本書使用的部分調理器具。

蔬果脫水器

蔬菜的脫水器。把洗好的菜葉蔬菜放進內側的濾網，按下旋鈕，就能轉動濾網，甩掉多餘的水分。也有用手轉動濾網的手動類型。蓋子也能拆解的款式比較容易清洗，比較衛生。製作菜葉蔬菜的沙拉或三明治時，絕對必備的好用道具。

削片器（Benriner No.64）

厚度可調整約 0.5～5 mm 的蔬菜用削片器。市面上有許多類似的道具，不過，可以調整厚度的削片器並不多。只要換上產品隨附的刀片，就能夠切絲。使用頻率相當頻繁，不過，因為刀刃銳利，所以使用的時候要多加注意。

蒜茸鉗

又稱為壓蒜器。放入蒜頭，壓下手柄，就能擠壓出蒜泥。只要把剝皮、去除蒜芯的蒜頭放入壓碎即可。使用磨泥器，手上會有氣味殘留，而且還要花時間清除殘留在磨泥器裡面的纖維，如果有這個道具，就可以單手作業，清潔起來也比較輕鬆。

刨絲器、起司刨絲器

刨絲器是處理高麗菜的必備道具。用菜刀切絲的胡蘿蔔不容易入味，口感也比較硬，如果改用刨絲器處理，剖面就不會那麼平整，反而更容易入味且更容易食用。市面上還有沙拉專用的刨絲器，不過，起司刨絲器的最粗面同樣也能達到相同效果。

電動蔬菜切片機

蔬菜專用的電動蔬菜切片機可應用的範圍比較有限，所以並不普及，不過，在製作大量特定料理時，就能充分發揮效果。例如，需要處理大量胡蘿蔔的時候，磨泥器需要耗費更多時間，但如果有電動切片機，就能更加輕鬆。照片中的切片機也有把蔬菜切成長條狀，製作出蔬菜麵條的功能。

螺旋蔬果刨絲器

可以把蔬菜螺旋切割成長條狀的專用切割器。把蔬菜貼在刀刃上面，往順時針方向轉動，就能切削出螺旋狀的蔬菜。這種用蔬菜來取代義大利麵的料理是，近年來非常受歡迎的健康減糖料理。櫛瓜尤其適合。

削皮器

蔬菜削皮絕對必備的Ｙ字型削皮器，只要選擇好握且銳利的款式就可以了。市面上有許多尺寸、刀刃形狀各不相同的款式，除了削皮之外，也可以用來削切蔬菜。照片左邊是削絲用。中央是裝有細小鋸齒刀刃的番茄削皮器，適合應用於柔軟的番茄、桃子或奇異果。最右邊則是刀刃平坦的一般款式。

磨泥器

不光是蘿蔔，就連生薑、山葵、起司等也能使用。照片左上是竹製粗磨泥板，將蘿蔔磨成粗粒的專用道具。中央是銅製磨泥器。因為只切斷食材的纖維，不會破壞組織，所以蘿蔔泥或生薑泥不會水水的，口感也比較醇厚。右下是陶瓷製。雖然大量磨泥時，會比較花時間，不過，比較容易清洗且衛生。

陶瓷磨泥器（沙拉和果汁的磨泥器）

把蔬菜和水果磨成粗粒的新興陶瓷磨泥器。用生蔬菜製作沙拉醬或醬料時，如果使用攪拌器，就可以製作出柔滑口感，但如果希望大膽保留蔬菜口感，就可以使用這個道具。本書的西班牙番茄麵包（參考 p.151）就是使用這個道具製作。

手持攪拌器

棒狀的機體前端裝有刀刃的小型調理家電。單手就可以輕鬆切割、混拌、搗碎食材。相較於食物調理機或垂直型的攪拌器，最大的魅力就在於即便只有少量，仍然可以輕鬆調理。無線款式比較容易在廚房使用。本書則將它活用於沙拉醬或醬料的製作。

沙拉醬瓶

保存沙拉醬時，格外便利的專用瓶。瓶身附有刻度的款式，只要把醋或油倒進瓶裡，再用力搖晃瓶身，就可以製作出沙拉醬。依廠牌不同，有些款式還設有瓶口不容易漏液的功能。照片左的款式，可將瓶子拆成上下兩段，就能更容易清洗到內部。右邊的款式則是耐熱玻璃製，可以用洗碗機清洗。

醃漬物用玻璃容器

氣味、顏色不容易殘留的耐熱玻璃容器。可以微波，所以能夠直接把醃泡液或蔬菜放在裡面，放進微波爐加熱。產品有隨附重石，製作少量醃漬物或醃菜的時候，相當便利。瓶身纖細，所以可以放進冰箱門邊的收納架，這一點設計也很棒。

低溫調理器

所謂的低溫調理是，把食材放進保存袋密封後，進行隔水加熱，調理手法就跟法國料理的「真空調理」一樣。現在，家庭用的低溫調理器十分普及，低溫調理的料理也很受歡迎。只要把低溫調理器放進裝滿熱水的鍋子裡，就可以維持設定溫度。使用於舒肥雞胸肉（參考 p.49）和油封鰹魚（參考 p.50）。

優格機

正如其名，就是製作優格的專用調理家電，也可利用本身能夠以固定溫度長時間保溫的功能，來處理發酵食品或低溫調理料理。各廠牌可設定的溫度和時間各不相同，所以最好依照目的選購。照片中的機器可設定 25～70℃，計時器可設定 30 分鐘～99 小時。可用來製作發酵醃菜。

食品乾燥機

外型與烤箱類似的小型食品乾燥機。可以輕鬆製作乾燥蔬菜或水果乾。照片中的食品乾燥機可設定的乾燥溫度是 35～75℃，計時器可設定 2～30 小時。吸乾水分之後，蔬菜的鮮味會更加濃郁，同時還能提高保存性。本書的半乾番茄（參考 p.25）就是用它來製作。

02

用麵包
夾起來 的生蔬菜

小黃瓜 ╳ 吐司

斜線剖面

斜片小黃瓜三明治

最基本的經典英式茶點三明治就是只有小黃瓜的三明治。只要在薄切吐司
上面抹上大量奶油，再夾上撒上白胡椒的小黃瓜就完成了。正因為簡單，
所以更容易直接感受到麵包的味道、奶油的濃郁、小黃瓜的水嫩與口感。
可作為三明治範本的基本組合。

縱切醃小黃瓜三明治

用香檳白酒醋、鹽巴和白胡椒醃泡垂直薄切的小黃瓜,再將其製作成三明治。外觀幾乎和左頁的三明治沒什麼兩樣,但事實上,小黃瓜的切法、調味方式都大不相同。小黃瓜薄切之後,口感更顯高雅,白酒醋的醃泡讓味道更有層次。先比較這兩種口味,再從中找出個人偏愛的味道吧!

小黃瓜 ✕ 吐司

斜線剖面【斜片小黃瓜三明治的夾法】

這裡使用有鹽奶油來增加鹹味。若使用無鹽奶油，就在小黃瓜上面撒點鹽巴，進行調味吧！

材料（1份）
方形吐司（10片切）……2片
有鹽奶油……12g
小黃瓜……75g（3mm的斜片13片）
白胡椒……少許

製作方法

1. 削片器把小黃瓜削切成厚度3mm的斜片（參考p.22）。

2. 把一半份量的有鹽奶油抹在1片方形吐司的單面，將6片 **1** 的小黃瓜錯置排放在上半部，最後再擺上1片切成對半的小黃瓜。下半部也以相同的方式錯置擺放，然後再撒上白胡椒。

3. 把剩餘的有鹽奶油抹在另1片方形吐司的單面，和 **2** 的吐司合併。用手掌從上方輕壓，讓餡料和吐司更加緊密。

4. 切掉吐司邊，切成3等分。

組裝重點

小黃瓜稍微切厚一點，就能享受清脆口感。為避免切吐司邊的時候切到小黃瓜，擺放小黃瓜的時候，要注意避免將小黃瓜疊放在吐司邊上面。

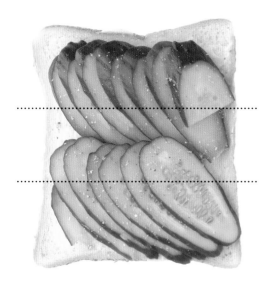

三明治使用的奶油，要在常溫下恢復至柔軟狀態。如果奶油太硬，塗抹的時候，會導致吐司的表面變粗。

切圓片的情況……

小黃瓜只要切成斜片，就能完整覆蓋吐司，比較能感受到小黃瓜的存在感。若是採用圓片，排放的方法和斜片相同，同樣排放在吐司邊的內側。完成後的外觀幾乎沒什麼差異，但使用的小黃瓜份量只有一半。因為小黃瓜的份量變少，所以要在單邊的吐司抹上奶油起司，藉此增加濃郁度，讓味道更加均衡。

斜線剖面 【縱切醃小黃瓜三明治的夾法】

小黃瓜已經事先醃泡調味，因此，這裡使用的是無鹽奶油。若是搭配火腿或起司等帶有鹹味的食材，當然就是要使用無鹽奶油，但是，只有搭配蔬菜的時候，最好善用有鹽奶油的鹹味。

材料（1 份）
方形吐司（10 片切）……2 片
有鹽奶油……12g
小黃瓜……80g（縱切 2 mm 的切片 12 片）
香檳白酒醋（白酒醋亦可）……少許
鹽巴……少許
白胡椒……少許

製作方法

1. 小黃瓜切掉蒂頭，長度切成對半後，用削片器朝垂直方向，將小黃瓜削切成厚度 2 mm 的薄片（參考 p.22）。排放在調理盤內，淋上香檳白酒醋，撒上鹽巴、白胡椒，進行醃泡，讓整體入味（參考 p.23）。

2. 把一半份量的無鹽奶油抹在 1 片方形吐司的單面。

3. 把 **1** 的小黃瓜錯置排放在廚房紙巾上面，用廚房紙巾夾起來，吸掉多餘的水分。將小黃瓜從廚房紙巾上面搬移到 **2** 的吐司上面。

4. 把剩餘的無鹽奶油抹在另 1 片方形吐司的單面，和 **3** 的吐司合併。用手掌從上方輕壓，讓餡料和吐司更加緊密。

5. 切掉吐司邊，切成 3 等分。

組裝重點

小黃瓜進行醃泡的時候，只要採用薄切，就可以短時間入味。小黃瓜釋出水分之後，會讓鹹味變淡，所以關鍵就是要多加一點鹽巴、白胡椒。醃泡的食材一定試味道，然後再進行調味。將小黃瓜排放在吐司上面的時候，要把小黃瓜排放在距離吐司邊 8 mm 左右的內側，以免切吐司邊的時候切到小黃瓜。

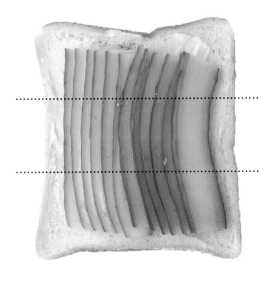

將小黃瓜排放在廚房紙巾上面，藉此節省吸乾多餘水分的時間。

在小黃瓜完美排列的狀態下，直接將小黃瓜轉移到抹有奶油的吐司面。

小黃瓜 ╳ 吐司 + 改變食材！

小黃瓜酸奶油三明治

小黃瓜削皮之後，小黃瓜獨特的草腥味就會變淡，纖細的口感會變得更加鮮明。用有鹽奶油補足鹹味，再用酸奶油彌補酸味與濃郁，最後再加上蒔蘿的香氣，就成了適合下午茶時光的優雅風味。推薦下午茶時光享用。

材料（1份）
方形吐司（12片切）……2片
酸奶油……15g
有鹽奶油……10g
小黃瓜……50g
蒔蘿……少許
鹽巴……少許
白胡椒……少許

製作方法
1. 小黃瓜削掉外皮，用削片器削切成厚度2 mm的薄片（參考 p.22）。
2. 在1片方形吐司的單面抹上有鹽奶油，鋪上**1**的小黃瓜，撒上蒔蘿的葉子、白胡椒。
3. 把酸奶油抹在另1片方形吐司的單面，和**2**的吐司合併。用手掌從上方輕壓，讓餡料和吐司更加緊密。
4. 切掉吐司邊，切成3等分。

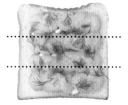

小黃瓜火腿泥三明治

小黃瓜和香草非常對味,其中最經典的搭配是蒔蘿或薄荷。蒔蘿帶有柔和的香氣,相對之下,薄荷的味道則是十分清涼。氣味不輸給薄荷的裸麥吐司,搭配上濃郁的火腿泥和爽口的檸檬奶油,讓各種食材的個性變得更加鮮明。增強味覺感受的粗粒黑胡椒也是重點。

材料(1份)

裸麥吐司(12片切)……2片
火腿泥(參考p.51)……30g
檸檬奶油(參考p.42)……10g
小黃瓜……50g
薄荷……少許
黑胡椒……少許

製作方法

1. 小黃瓜削掉外皮,用削片器削切成厚度2mm的薄片(參考p.22)。

2. 在1片方形吐司的單面抹上有鹽奶油,鋪上1的小黃瓜,撒上蒔蘿的葉子、白胡椒。

3. 把酸奶油抹在另1片方形吐司的單面,和2的吐司合併。用手掌從上方輕壓,讓餡料和吐司更加緊密。

4. 切掉吐司邊,切成3等分。

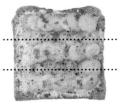

小黃瓜 ╳ 吐司 + 改變食材！

小黃瓜奶油起司三明治

光是小黃瓜三明治，就能有各式各樣的豐富變化。除了整齊排列小黃瓜片之外，也可以用奶油起司加以混拌，就能讓小黃瓜輕鬆變身成更容易夾吐司的餡料。把瀝乾小黃瓜和幾乎蓋過小黃瓜的奶油起司混拌在一起吧！奶油起司的濃郁再加上小黃瓜，引誘出全麥粉吐司的風味。

材料（1 份）
全麥粉吐司（10 片切）……2 片
奶油起司拌小黃瓜 ※……120g

※ 奶油起司拌小黃瓜
（容易製作的份量）
用削片器將 1 條小黃瓜（100g）削切成薄片，撒上 1/2 小匙的鹽巴搓醃。放置 10 分鐘後，將水分擠掉，和 50g 的奶油起司混拌。撒上少許的白胡椒，調味。

製作方法
1. 把奶油起司拌小黃瓜鋪在 1 片全麥粉吐司的中央，往四個角落薄塗抹開，再和另 1 片全麥粉吐司合併，用手掌從上方輕壓，讓餡料和吐司更加緊密。
2. 切掉吐司邊，沿著對角線切成 4 等分。

日式醃小黃瓜三明治

只要把日式醃小黃瓜當成醃菜的一種，搭配麵包就不會有半點奇怪的感覺。只要再搭配上青紫蘇和酒醪味噌，就能變身成適合搭配日本酒的三明治。拋開麵包就該是西式的守舊觀念，試著搭配日式調味料或日本香草，就能發現全新味道。

材料（1份）

裸麥吐司（12片切）……2片
無鹽奶油……10g
淺漬小黃瓜（參考p.37）……70g
青紫蘇……1片
酒醪味噌……10g
美乃滋……2g

製作方法

1. 小黃瓜削掉外皮，用削片器削切成厚度2mm的薄片（參考p.22）。
2. 把一半份量的無鹽奶油抹在1片裸麥吐司的單面，鋪上青紫蘇。擠上美乃滋，參考照片，把 **1** 的小黃瓜排放在上方。
3. 把剩餘的無鹽奶油和酒醪味噌重疊塗抹在另1片裸麥吐司的單面，和 **2** 的吐司合併。用手掌從上方輕壓，讓餡料和吐司更加緊密。
4. 切掉吐司邊，切成3等分。

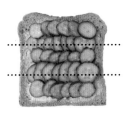

小黃瓜 ✕ 吐司 ＋ 改變食材！

鹽醃小黃瓜烤三明治

水分較多的小黃瓜用鹽巴搓醃，擠掉水分之後，口感就會更扎實，給人截然不同的印象。就算只有小黃瓜，仍然份量十足，十分有飽足感。芹鹽的香氣恰到好處，和烤吐司的香氣、美乃滋的酸味結合在一起。儘管看似簡單，美味卻超乎想像。

材料（1份）
山形吐司（10片切）……2片
美乃滋……20g
鹽醃小黃瓜（參考 p.23）……100g
芹鹽（參考 p.46，鹽巴亦可）……少許
白胡椒……少許

製作方法
1. 山形吐司烤至上色程度，將各一半份量的美乃滋抹在單面。
2. 鋪上確實擠掉水分的鹽醃小黃瓜，撒上芹鹽和白胡椒。和另 1 片山形吐司合併，切成 4 等分。

＊確實擠乾小黃瓜的水分是重點。每份吐司大約使用 1.5 條的小黃瓜。

＊烤吐司三明治的吐司以表面稍微酥脆上色、內側保留水分的狀態為最佳。表面烤至脆硬程度後，就算夾上大量食材，吐司也不會變形，而且也更容易組合。吐司變酥脆後，吐司和食材比較不容易緊密貼合，這點要多加注意。

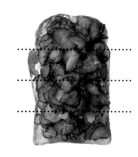

小黃瓜雞蛋沙拉熱狗麵包

小黃瓜和雞蛋非常速配，味道能帶給人一種安心感。把大量食材夾進微甜的熱狗麵包裡面吧！用於重點調味的日式芥末非常對味。辛辣口感讓整體的味道更加紮實。

材料（1份）
熱狗麵包……1條（45g）
無鹽奶油……5g
日式芥末……2g
小黃瓜雞蛋沙拉 ※……100g

※ 小黃瓜雞蛋沙拉（容易製作的份量）
1條小黃瓜縱切成對半，挖掉種籽，斜切成片（參考 p.23）。搓鹽抓醃，確實擠乾水分。把切成碎塊的水煮蛋2顆、美乃滋24g、鹽巴和白胡椒各少許拌勻，調味之後，和小黃瓜混拌在一起。

製作方法
1. 熱狗麵包橫切，在內側抹上無鹽奶油。進一步在上剖面重疊抹上日式芥末。
2. 夾進小黃瓜雞蛋沙拉。

＊確實擠乾小黃瓜的水分是重點。每份吐司大約使用 1.5 條的小黃瓜。

小黃瓜 ╳ 吐司 ＋ 改變食材！

醃小黃瓜煙燻鮭魚三明治

原以為煙燻鮭魚是主角，但事實上，真正的主角是醃小黃瓜。清爽酸味的酸奶油和香草混合而成的美乃滋、帶有蒔蘿香味的醃小黃瓜和裸麥麵包。利用層疊的酸味食材，勾勒出鮭魚的風味。享受絕妙組合的成人風味。

材料（1份）
裸麥麵包（12片切）……2片
檸檬奶油（參考p.42）……12g
蒔蘿醃小黃瓜（參考p.36，市售品亦可）
……40g
煙燻鮭魚……20g
芝麻菜……5g
香草美乃滋（參考p.39）……5g

製作方法
1. 蒔蘿醃小黃瓜切成厚度2mm的薄片。
2. 把一半份量的檸檬奶油抹在1片裸麥吐司的單面，鋪上煙燻鮭魚，把一半份量的香草美乃滋擠在上方。
3. 把1的蒔蘿醃小黃瓜排放在2的裸麥吐司上面，擠上剩餘的香草美乃滋，鋪上芝麻菜。
4. 把剩餘的檸檬奶油抹在另1片裸麥吐司的單面，和3的吐司合併。用手掌從上方輕壓，讓餡料和吐司更加緊密。
5. 切掉吐司邊，切成3等分。

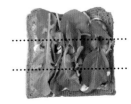

醃小黃瓜的法式火腿三明治

簡單的法式火腿三明治，有時會搭配酸黃瓜（參考 p.37），不過，充其量也不過只是添加的程度而已。
這裡則是大膽以醃小黃瓜為主角。只要夾上一大塊，存在感就不會輸給長棍麵包的彈牙口感和火腿的
美味，小黃瓜的無限潛能令人驚艷。

材料（1份）
長棍麵包……1/3 條
無鹽奶油……10g
蒔蘿醃小黃瓜
（參考 p.36，市售品亦可）……40g
火腿……25g

製作方法
1. 麵包從側面切開，將無鹽奶油抹在內側。
2. 依序夾上火腿、縱切成對半的蒔蘿醃小黃瓜。

萵苣 ✕ 吐司

捲折

萵苣火腿三明治

萵苣和火腿是最受歡迎的三明治食材，在三明治『最愛餡料』排行榜當中，
一定會有萵苣和火腿。萵苣本身並不是味道或香味太過強烈的蔬菜。直接
吃感覺平淡無奇，但只要搭配醬料或配料，就能從配料變身成沙拉。萵苣
要使用新鮮的種類，並且確實瀝乾水分。搭配檸檬奶油和加了沙拉醬的美
乃滋，就可以實際感受到簡單中的美味協調。關鍵是把萵苣的大片葉子捲
折起來。就能充分享受清脆、水嫩口感。

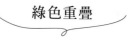

綠色重疊

綠葉沙拉三明治

市面上有『只有小黃瓜』的三明治,但是卻沒有『只有萵苣』的三明治。
因為要像左頁搭配火腿那樣,唯有搭配味道速配的食材,才能夠引誘出萵
苣獨一無二的美味。在菜葉蔬菜當中,萵苣的口感雖然十分獨特,但因為
菜葉的顏色比較淡,所以很難在三明治當中展現出華麗鮮豔。既然如此,
就試著搭配其他綠葉蔬菜吧!和鮮豔綠色的生菜、特殊皺褶的苦苣一起,
透過三種蔬菜的不同視覺和纖細味道,就算只有菜葉蔬菜,仍然可以展現
出沙拉口感。

萵苣 ╳ 吐司

捲折【萵苣火腿三明治】

如果把圓形火腿直接放在正中央，四個角落會出現沒有火腿的部分。使用 2 片火腿時，就把 1 片直接放在中央，再把另 1 片切成對半，然後讓直線端朝向外側（吐司邊）。如此就能讓火腿完全覆蓋吐司。

材料（1 份）
方形吐司（10 片切）……2 片
檸檬奶油（參考 p.42）……12g
萵苣……35g
里肌火腿……2 片（30g）
洋蔥美乃滋 ※……7g

※ 洋蔥美乃滋
以 5：2 的比例，把美乃滋和洋蔥醬（參考 p.41）混合在一起。

製作方法
1. 把一半份量的檸檬奶油抹在 1 片方形吐司的單面。1 片火腿切成對半，參考照片，把火腿鋪在方形吐司上面，擠上洋蔥美乃滋。

2. 把萵苣捲折成方形（參考 p.19），放在 **1** 的火腿上面。

3. 把剩餘的檸檬奶油抹在另 1 片方形吐司的單面，和 **2** 的吐司合併。用手掌從上方輕壓，讓餡料和吐司更加緊密。

4. 切掉吐司邊，切成 3 等分。

組裝重點
主角是大量的萵苣。以使用新鮮萵苣為前提，放進冷水浸泡，讓菜葉變清脆，確實瀝乾水分後再使用的部分也很重要。如果可以，火腿也要盡量挑選優質的種類。咀嚼的時候，可以實際感受到清脆萵苣和火腿口感的調和，就是最棒的。這裡使用洋蔥醬和美乃滋混合而成的醬料，調出清爽風味。醬料可依個人喜好選用，也可以換成香草美乃滋（參考 p.39）或法國第戎芥末醬（參考 p.73）。

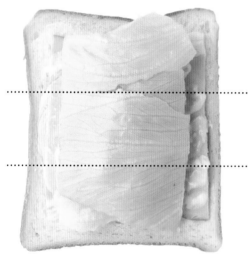

希望直接運用萵苣和火腿本身的味道，提高沙拉口感。在吐司抹上檸檬奶油。檸檬奶油的香氣和鹹味恰到好處，可作為大量萵苣的調味料。

綠色重疊 【綠葉沙拉三明治】

因為是只有菜葉蔬菜的簡單組合，所以吐司要抹上有鹽奶油和奶油起司，藉此加重口味。

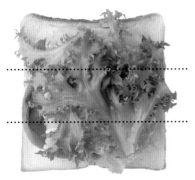

材料（1 份）
方形吐司（12 片切）……2 片
奶油起司……15g
有鹽奶油……6g
萵苣……18g
苦苣……7g
生菜……5g
第戎芥末美乃滋※……5g

※ 第戎芥末美乃滋
以 5：1 的比例，把美乃滋和法國第戎芥末醬混合在一起。

製作方法

1. 把有鹽奶油抹在 1 片方形吐司的單面。放上生菜，擠上一半份量的第戎芥末美乃滋。萵苣捲折（參考 p.19）後，放在上方，再將剩餘的第戎芥末美乃滋擠上，最後放上苦苣。

2. 把奶油起司抹在另 1 片方形吐司的單面，和 **1** 的吐司合併。用手掌從上方輕壓，讓餡料和吐司更加緊密。

3. 切掉吐司邊，切成 3 等分。

組裝重點

即便是相同的菜葉蔬菜，仍會有不同的色調、形狀和硬度。運用各自的特性，安排放置的順序吧！生菜的葉子平坦且口感軟嫩，最容易與吐司緊密貼合，所以放在最下層。主要的萵苣捲折後，放在正中央。這種組合情況的萵苣，比起外側的大片葉子，內側小片葉子的尺寸會更加適合。最後是皺褶鮮明，具有立體感的苦苣。如果把生菜和苦苣的位置顛倒放置，上面的萵苣就不會穩定，所以要多加注意。在菜葉蔬菜之間擠上第戎芥末美乃滋，除了調味之外，同時也是為了讓菜葉彼此更加緊密貼合。醬料如果太多，就會從剖面流出，讓視覺變得不好看，所以，重點是把醬料裝進擠花袋，分別擠出少量。

萵苣 ╳ 吐司 ＋ 改變食材！

萵苣捲全蛋與雞肉的三明治

用2種萵苣把水煮蛋和雞肉沙拉包起來，類似於高麗菜捲般的萵苣捲三明治。因為確實包覆的關係，
就算採用大量餡料，仍可輕鬆食用，視覺方面也令人印象深刻。

材料（1份）

方形吐司（8片切）……2片
無鹽奶油……10g
萵苣……35g
紅萵苣（綠葉生菜、褶邊生菜
亦可）……15g
水煮蛋……1個
雞肉沙拉（參考p.49）……50g
香草美乃滋（參考p.39）……5g
白胡椒……少許

製作方法

1. 把萵苣和紅萵苣重疊攤平，將雞肉沙拉
鋪在前方，上面錯置排列上水煮蛋。擠上
香草美乃滋，將萵苣和紅萵苣捲折起來（參
考p.19），將雞肉沙拉和水煮蛋包在其中。

2. 把一半份量的無鹽奶油抹在1片方形吐
司的單面，放上 **1** 的餡料。

3. 把剩餘的無鹽奶油抹在另1片方形吐司
的單面，和 **2** 的吐司合併。用手掌從上方
輕壓，讓餡料和吐司更加緊密。

4. 用烘焙用蠟紙包起來（參考p.83）後，切
成對半。在水煮蛋上面撒上白胡椒。

以萵苣為主角的 B.L.T

深受世界各地喜愛的 B.L.T 是，由培根、萵苣、番茄 3 種餡料組合而成的經典三明治。三明治的外觀、味道，會因為食材主角的不同而改變。如果要以萵苣為主角，就要選擇凸顯萵苣風味的醬料，番茄的量就要稍微減少。番茄的水嫩感和培根的鮮味，讓萵苣的口感、水嫩更加鮮明。

材料（1 份）

全麥粉吐司（8 片切）……2 片
無鹽奶油……10g
萵苣……65g
番茄（大）……8 mm 的半月切 2 片（40g）
培根……3 片（40g）
香草美乃滋（參考 p.39）……10g
鹽巴……少許
黑胡椒……少許

製作方法

1. 培根切成一半長度，用平底鍋煎烤兩面。用廚房紙巾按壓，吸乾多餘油脂。

2. 全麥粉吐司稍微烤至上色，將一半份量的無鹽奶油抹在 1 片吐司的單面。放上 **1** 的培根，撒上粗粒黑胡椒，擠上一半份量的香草美乃滋。

3. 番茄在兩面撒上些許鹽巴後，用廚房紙巾按壓，吸乾多於水分，放在 **2** 的培根上面。撒上粗粒黑胡椒，擠上剩餘的香草美乃滋。

4. 萵苣捲折起來（參考 p.19），放在 **3** 的番茄上面。把剩餘的無鹽奶油抹在另 1 片全麥粉吐司的單面，和 **3** 的吐司合併。用手掌從上方輕壓，讓餡料和吐司更加緊密。

5. 用烘焙用蠟紙包起來（參考 p.83）後，切成對半。

番茄 ✕ 吐司

橫線剖面

番茄片三明治

和小黃瓜、萵苣一樣,番茄同樣也是三明治不可欠缺的蔬菜之一。味道多
汁鮮嫩,酸味和甜味恰到好處,同時,鮮豔的紅色也能為三明治增色不少。
可以搭配組合的食材相當多,不過,試著使用單品,更能實際感受到番茄
本身的美味。切片的番茄會因大小、夾法而改變剖面的樣貌。切片番茄的
擺放位置會因大小而有不同,因此,製作大量三明治的時候,很難達到平
衡。試著採用半月切的番茄,就能毫不浪費地製作出美麗的線條。

圓形剖面

小番茄三明治

水分問題是番茄三明治最令人困擾的部分。番茄多汁水嫩，但是水分卻會
滲入麵包，就很難維持麵包的美味，因此，組合方法也必須多費點功夫。
能夠消除那種問題的是小番茄三明治。因為整顆使用，所以小番茄的剖面
不會直接接觸到麵包。就跟製作水果三明治的時候一樣，先思考擺放位置
和切割位置，再進行組合吧！

番茄 ╳ 吐司

橫線剖面【番茄片三明治】

奶油起司搭配大量的黑胡椒和鹽巴,就成了完美調和麵包和蔬菜味道的三明治醬。非常適合搭配番茄,讓人怎麼樣都吃不膩的美味。

材料（1 份）

方形吐司（10 片切）……2 片
黑胡椒奶油起司（參考 p.42）……30g
番茄（中）……120g（10 ㎜的半月切 4 片）
蜂蜜……3g
鹽巴……少許

製作方法

1. 在番茄的兩面撒上鹽巴,用廚房紙巾按壓,吸乾多於水分。

2. 把一半份量的黑胡椒奶油起司抹在 1 片方形吐司的單面。參考照片,放上 **1** 的番茄,淋上蜂蜜。

3. 把剩餘的黑胡椒奶油起司抹在另 1 片方形吐司的單面,和 **2** 的吐司合併。用手掌從上方輕壓,讓餡料和吐司更加緊密。

4. 切掉吐司邊,切成 3 等分。

組裝重點

切片番茄的剖面容易滲出水分,如果和吐司緊密貼合,麵包就會變得水水的。在三明治的吐司抹上奶油,麵包上面就會形成一層油膜,就能防止水分的滲入,但是,尤其搭配較多水分的蔬菜時,就無法撐太久。這個時候就要派奶油起司登場了。抹上大量的奶油起司,在預防水分滲入的同時,還能誘出番茄的鮮甜。

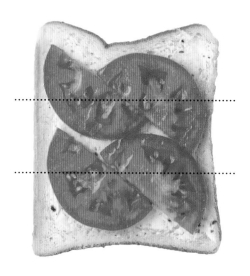

奶油起司

柔滑乳霜狀的新鮮起司,源自乳酸菌的酸味和乳脂肪的濃醇是其特色所在。沒有乳腥味,容易抹於麵包,是三明治不可欠缺的。奶油起司可確實抹於麵包表面,因此,搭配水分較多的食材時,特別便利。在運用其味道個性的同時,還能防止水分滲入麵包。除粗粒黑胡椒之外,搭配香草或蒜頭也十分美味。各廠牌的味道都有不同,所以要用鹽巴、白胡椒預先調味。若以起司蛋糕為形象,用蜂蜜或砂糖加上甜味,就能應用於甜點三明治。

圓形剖面【小番茄三明治】

材料（1份）
方形吐司（8片切）……2片
瑞可塔起司（參考p.42）……60g
小番茄……6個
黑胡椒……少許

製作方法
1. 把一半份量的瑞可塔起司抹在1片方形吐司的單面。參考照片，在上下分別放置3顆小番茄。
2. 把剩餘的瑞可塔起司抹在另1片方形吐司的單面，和 **1** 的吐司合併。用手掌從上方輕壓，讓餡料和吐司更加緊密。
3. 切掉吐司邊，切成3等分。最後再撒上粗粒黑胡椒。

組裝重點
製作這種三明治的時候，比起圓形的小番茄，更推薦採用細長形的小番茄。就算切割位置有些許偏移，還是可以輕易切出圓形的剖面。為避免小番茄滾動，用瑞可塔起司確實固定小番茄吧！

大量的瑞可塔起司除味道本身十分對味之外，同時也能固定容易滾動的小番茄。就像製作水果三明治那樣，用瑞可塔起司補滿小番茄和麵包之間的縫隙吧！

瑞可塔起司
瑞可塔起司是義大利的新鮮起司。義大利語的意思是「烹煮兩次」。製造起司的時候會產生乳清（Whey），瑞可塔起司就是將乳清再次加熱後凝固而成。日本自2005年10月起，修改了法律規範的名詞定義，起司的名稱不再是「起司」，而是「以牛乳或乳製品為主原料的食品」，但不論名稱是什麼，瑞可塔起司就是起司的一種。低脂肪，清爽的味道中帶點牛乳的甜味，口感溫和，便是瑞可塔起司的特色。義大利除了直接加上鹽巴、胡椒、橄欖油品嚐，或撒在沙拉上面之外，有時也會搭配義大利麵。甜點方面也經常使用。日本國內也很流行在鬆餅裡面添加瑞可塔起司，也有許多家庭開始使用。加上鹽巴和蜂蜜，使甜味和鹹味形成強烈對比，最後再加上黑胡椒，增添味覺重點，就成了三明治十分活躍的醬料。

番茄 ╳ 吐司

高雅線條

番茄芽菜三明治

對三明治的製作來說，均勻分切食材是非常重要的事情。把切片的番茄夾進方形吐司的時候，如果切成 3 等分，就只剩下正中央有番茄，兩邊就只剩下吐司。若要讓方形和圓形達到同時均等平分的話，就要採用切成對半或 4 等分的切法。4 等分不僅容易切，同時也容易食用。把作為主角的番茄放在吐司的正中央，然後在上方鋪滿芽菜。因為芽菜本身十分蓬鬆，所以就能更具份量感。簡單的同時，又能品嚐到沙拉口感的推薦組合。

番茄鮪魚芽菜三明治

製作水果三明治的時候，需要特別注意主角水果的切法或夾法。除留意食用時的均勻口感之外，有時也要特別注意大膽的視覺效果。這裡就把那個方法應用在番茄上面，試著利用整顆番茄來製作。只要分別把一半份量的梳形切番茄，外皮朝外，相互交錯地排放，就能把番茄完全放進吐司裡面。雖然吃起來可能有點麻煩，不過，肯定能夠享用到滿滿的番茄風味。

番茄 ✕ 吐司

高雅線條【番茄芽菜三明治】

材料（1份）

全麥粉吐司（10片切）……2片

檸檬奶油（參考p.42）……10g

番茄（大）……60g（12mm的薄片1片）

青花菜芽……15g

煉乳美乃滋（參考p.39）……3g

鹽巴……少許

黑胡椒……少許

製作方法

1. 在番茄的兩面撒上鹽巴，用廚房紙巾按壓，吸乾多餘水分。

2. 把一半份量的檸檬奶油抹在1片全麥粉吐司的單面。放上**1**的番茄，撒上黑胡椒後，擠上煉乳美乃滋。

3. 放上青花菜苗，把剩餘的檸檬奶油抹在另1片吐司的單面，合併之後，用手掌從上方輕壓，讓餡料和吐司更加緊密。

4. 切掉吐司邊，沿著對角線切成4等分。

組裝重點

由煉乳和美乃滋混合而成的煉乳美乃滋，有著符合想像的甜味。蔬菜搭配甜味醬料？這樣的做法或許令人訝異，但事實上，搭配適量的『甜味』之後，味道會更有層次。尤其和番茄特別對味，增加『甜味』之後，就能感受到宛如水果番茄般的味道。請試著和原味美乃滋的味道比較看看。

大膽切割 【番茄鮪魚芽菜三明治】

材料（1 份）
全麥粉吐司（8 片切）……2 片
無鹽奶油……10g
番茄（中）……1 個（160g）
青花菜芽……15g
鮪魚沙拉（參考 p.50）……60g
香草美乃滋（參考 p.39）……8g
鹽巴……少許

製作方法
1. 番茄切除蒂頭，切成 8 等分的梳形切。
2. 全麥粉吐司稍微烤至上色，將一半份量的無鹽奶油抹在 1 片吐司的單面。抹上鮪魚沙拉，擠上一半份量的香草美乃滋。把 **1** 的番茄果皮朝下，先放上 4 塊，在番茄的剖面撒上鹽巴。剩下的 4 塊將果皮朝上，逐塊放進前面排列好的番茄之間，讓番茄緊密貼合。
3. 擠上剩餘的香草美乃滋，鋪上青花菜芽。
4. 把剩餘的無鹽奶油抹在 1 片全麥粉吐司的單面，和 **3** 的吐司合併。用手掌從上方輕壓，讓餡料和吐司更加緊密。
5. 用烘焙用蠟紙包起來（參考下列），切成對半。

組裝重點
梳形切的番茄只要平均切開，再加以組合，剖面就能緊密貼合，不容易變形，只要按照順序製作，就會發現製作十分簡單。鮪魚沙拉是不輸給番茄的味覺重點，同時也具有固定番茄的作用。番茄上面的菜芽維持鬆散的份量感，就會更具魅力。

烘焙用蠟紙的包法

1

將蠟紙剪成方形吐司長邊的 3 倍長度，將三明治橫放在中間。

2

把蠟紙的左右邊緣拉向三明治的中央，接合之後，旋轉 90°。

3

把蠟紙兩側接合的部分折成 10 mm 寬，持續往內折，直到蠟紙和三明治緊密貼合。

4

旋轉 90°，分別把蠟紙的左右端往中央折成三角形。

5

把三角形的尖端彎折到底部。

6

另一邊也採用相同的折法。

7
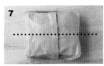
與折痕呈現垂直，切成對半。

番茄 ╳ 吐司 ＋ 改變食材！

以番茄為主角的 B.L.T

培根、萵苣、番茄組合而成的 B.L.T. 是含有大量蔬菜的三明治代表。前面已經介紹過以萵苣為主角的 B.L.T.（參考 p.75），而這裡的主角則是番茄。番茄採用梳形切，活躍的新鮮口感和多汁水嫩就會更加鮮明。再進一步使用番茄奶油和番茄醬，使味道加倍重疊，就能充份享受番茄的魅力。

材料（1 份）
全麥粉吐司（10 片切）……2 片
番茄奶油※……20g
番茄（中）……80g（梳形切 4 塊）
萵苣……40g
培根（乾煎）……3 片（40g）
俄式沙拉醬（參考 p.43）……8g
鹽巴……少許
黑胡椒……少許

※ 番茄奶油（容易製作的份量）
15g 的乾番茄（參考 p.25）用熱水泡軟後，擠乾水分，切成細末，和無鹽奶油 40g 混拌，再用各少許的鹽巴、白胡椒調味。

製作方法
1. 全麥粉吐司稍微烤至上色，將一半份量的番茄奶油抹在 1 片吐司的單面。放上培根，撒上粗粒黑胡椒後，參考照片，將一半份量的俄式沙拉醬縱向擠在 2 個位置。
2. 番茄的剖面撒上些許鹽巴後，用廚房紙巾按壓，吸乾多餘水分，參考照片，把番茄放在 **1** 的培根上面。撒上粗粒黑胡椒後，以相同的方式，擠上剩餘的俄式沙拉醬。
3. 萵苣切成 15mm 寬，放在 **2** 的番茄上面。把剩餘的番茄奶油抹在另 1 片全麥粉吐司的單面。合併之後，用手掌從上方輕壓，讓餡料和吐司更加緊密。
4. 切掉吐司邊，切成對半。最後撒上粗粒黑胡椒。

佛卡夏的卡布里沙拉三明治

義大利經典前菜『卡布里沙拉』和義大利麵包『佛卡夏』結合而成的帕尼尼，簡單卻又奢華的美味。番茄、馬自拉乳酪和羅勒，搭配適量的鹽巴和橄欖油，就能誘出食材魅力，化身成美味料理。若是製作成三明治的話，當然就要把羅勒葉換成調味過的羅勒醬，才會更加速配。

材料（1份）
佛卡夏……1塊（110g）
羅勒醬（參考 p.40）……6g
酸豆橄欖醬（參考 p.40）……4g
水果番茄……25g
（6 mm 的半月切 6 片）
芝麻菜……5g
馬自拉乳酪……1/2 個（50g）
E.V. 橄欖油……適量
鹽巴……少許
白胡椒……少許

製作方法
1. 馬自拉乳酪切成厚度 6 mm 的薄片。放進調理盤，在兩面撒上鹽巴、白胡椒，淋上橄欖油。
2. 佛卡夏從側面切成對半，將羅勒醬抹在下層的剖面。放上芝麻菜，交錯放上 **1** 的馬自拉乳酪和水果番茄。
3. 在佛卡夏的上層剖面抹上酸豆橄欖醬，和 **2** 的佛卡夏合併。

胡蘿蔔 ✕ 吐司

蓬鬆剖面

輕薄胡蘿蔔三明治

雖然胡蘿蔔可以幫三明治增添色彩,但是,本身的特有氣味卻總讓某些人敬而遠之,可說是喜好差異明顯的蔬菜。胡蘿蔔製作成涼拌胡蘿蔔絲,或是搭配味道強烈的食材,都能夠減淡胡蘿蔔本身的腥味,所以調味後再使用是肯定的,不過,不調味,直接品嚐原味的方式也十分推薦。只要用刨刀把胡蘿蔔削成薄片,就能製作出鬆軟蓬鬆感,同時也能感受到清淡的氣味。瑞可塔起司加上蜂蜜和黑胡椒所製成的瑞可塔奶油醬,在誘出胡蘿蔔個性的同時,更能調和出沉穩味道。

紮實剖面

胡蘿蔔絲鮪魚三明治

即便是相同的蔬菜，光是改變切法，就能產生不同的口感與氣味變化。和
薄削的胡蘿蔔片相比，胡蘿蔔絲的口感更加紮實，同時更有重量感。因為
能夠強調胡蘿蔔的存在感，所以必須注意搭配食材之間的協調性。最適合
搭配的是鮪魚沙拉。鮪魚的特殊香氣和味道也十分強烈，雖然可能會有令
人在意的魚腥味，不過，和胡蘿蔔搭配之後，正好可以達到相互抑制的效
果，讓味道變得清爽。

胡蘿蔔 ✕ 吐司

蓬鬆剖面【輕薄胡蘿蔔三明治】

材料（1 份）
方形吐司（8 片切）……2 片
瑞可塔奶油醬（參考 p.42）……40g
胡蘿蔔（用刨刀削成薄片，參考 p.26）……35g

製作方法
1. 分別把一半份量的瑞可塔奶油醬抹在方形吐司的單面，夾上胡蘿蔔，用手掌從上方輕壓，讓胡蘿蔔和瑞可塔奶油醬更加緊密。
2. 切掉吐司邊，切成 3 等分。

組裝重點
用刨刀削成薄片的胡蘿蔔能產生膨鬆的份量感。如果直接鋪在吐司上面，吐司可能無法壓平，同時，吐司切開之後，也很可能整個散開，因此，要讓瑞可塔奶油醬和胡蘿蔔確實地緊密貼合，才能讓整體更加穩定。抹上大量瑞可塔奶油醬並不光只是為了調味，同時也是為了讓麵包和胡蘿蔔緊密貼合。

清爽的瑞可塔起司加上蜂蜜的甜味和粗粒黑胡椒，就成了讓生蔬菜更顯美味的好用醬料。調味是這個三明治的重要關鍵，因此，抹上大量的奶油醬吧！

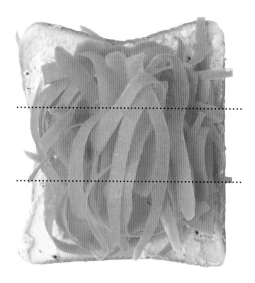

靈活運用吐司　～白吐司的情況～

基本上，製作三明治的麵包都是使用白吐司。白吐司的麵團質地細膩、味道溫和，適合搭配各種食材，可說是十分萬能。白吐司就像是白色的盤子，可以把食材的顏色襯托得更加鮮豔，這部分也是白吐司的魅力所在。最適合用來製作三明治的厚度是 12 片切～ 8 片切。高雅的茶點三明治選擇 12 片切。10 片切則是萬能。希望夾上大量餡料或確實品嚐吐司的時候，就選擇 8 片切吧！山形吐司是用未加蓋的模型烘烤而成，所以麵團會向上隆起，質地比方形吐司略粗，水分也較少。烤過之後，會產生酥脆的口感，因此，建議製作成烤三明治。
厚度適中的白色方形吐司、在瑞可塔奶油醬中沉穩展現魅力的胡蘿蔔，敬請好好享受兩者之間的協調美味吧！

紮實剖面【胡蘿蔔絲鮪魚三明治】

直接搭配切絲的胡蘿蔔，所以直接抹
上有鹽奶油，作為調味。

材料（1 份）
全麥粉吐司（8 片切）……2 片
有鹽奶油……10g
胡蘿蔔（用削片器削成絲，參考 p.26）……45g
鮪魚沙拉（參考 p.50）……50g

製作方法
1. 把一半份量的有鹽奶油抹在 1 片全麥粉
吐司的單面，再依序鋪上鮪魚沙拉和胡蘿蔔。
2. 將剩餘的有鹽奶油抹在另 1 片全麥粉吐
司的單面，和 1 的吐司合併。用手掌從上方
輕壓，讓食材和吐司更加緊密。
3. 切掉吐司邊，切成 3 等分。

組裝重點
為了品嚐胡蘿蔔本身的美味，這裡索性大膽
地採用簡單的組合。如果希望提高完成度，
只要再利用菜葉蔬菜增添色彩和沙拉口感就
可以了。這個時候，要先在胡蘿蔔上面擠一
些美乃滋，然後再鋪上菜葉蔬菜，如此就能
讓食材之間更加密合。芝麻菜和西洋菜等香
味強烈的蔬菜非常適合搭配。

靈活運用吐司　～褐色吐司的情況～
白色吐司味道高雅且溫和，相較之下，褐
色吐司則有著簡樸的味道和香氣。製作三
明治的時候，要根據麵包與食材之間的協
調性去選擇吐司。原味的方形吐司就像白
米，褐色全麥粉吐司就像是玄米，採用這
樣的比喻或許會更容易想像。就像適合搭
配白米的食材，和適合搭配玄米的食材不
一樣，白吐司適合搭配味道沉穩的食材，
褐色吐司本身的味道比較強烈，所以適合
搭配味道不輸給吐司的食材。褐色吐司的
色調越深，味道就越有個性。比起全麥粉
吐司，裸麥吐司的氣味更具特色，味道也
比較強烈，口感比較厚重。另外，全麥粉
吐司烤過之後，香味會更加鮮明，所以也
適合製作成烤土司三明治。
全麥粉吐司的簡樸香氣不輸給鮪魚沙拉，
同時還能保留下鮪魚沙拉的個性美味。搭
配生蔬菜之後，更能提高蔬菜的健康感。

胡蘿蔔 ✕ 吐司 + 改變食材！

涼拌胡蘿蔔絲、雞蛋和雞肉的三明治

比起單品使用，胡蘿蔔搭配菜葉蔬菜的綠色之後，就能藉由色彩的鮮豔對比，讓三明治更顯華麗。
這裡的涼拌胡蘿蔔絲添加了芒果乾，帶有隱約的水果味。搭配充滿清涼感的芝麻菜之後，沙拉口感
的味道就會更濃厚。水煮蛋和雞肉沙拉的口感也能加分許多。

材料（1 份）

全麥粉吐司（8 片切）……2 片
無鹽奶油……10g
芒果涼拌胡蘿蔔絲 ※……40g
芝麻菜……4g
水煮蛋……1 個
雞肉沙拉（參考 p.49）……45g
美乃滋……6g
鹽巴……少許
白胡椒……少許
開心果（Super Green）……少許

※ 芒果涼拌胡蘿蔔絲（容易製作的份量）
把檸檬汁 2 大匙、鹽巴 1/3 小匙、白胡椒
少許，放進碗裡，充分混拌後，逐次加入
沙拉油 1 大匙和 E.V. 橄欖油 1 大匙，混
拌均勻。加入胡蘿蔔（用削片器削成絲，
參考 p.26）200g、芒果乾（切絲）50g，
將整體混拌均勻。

製作方法

1. 將一半份量的無鹽奶油抹在 1 片全麥粉
吐司的單面。用切蛋器把水煮蛋切成片，參
考照片，先把帶有蛋黃的部分排放在切割位
置，只有蛋白的部分就切成對半，然後排放
在上下方。撒上鹽巴、白胡椒，擠上 2g 的
美乃滋。

2. 鋪上雞肉沙拉，擠上 2g 的美乃滋。鋪
上芒果涼拌胡蘿蔔絲，擠上剩餘的美乃滋，
放上芝麻菜。

3. 把剩餘的無鹽奶油抹在另 1 片全麥粉吐
司的單面，和 2 的吐司合併。用手掌從上
方輕壓，讓餡料和吐司更加緊密。

4. 切掉吐司邊，切成 3 等分。最後撒上切
碎的開心果。

醃泡胡蘿蔔和鮪魚的葡萄乾三明治

如果麵包本身已經有添加食材，在思考餡料、調味的時候，只要把麵包本身的食材一併納入思考，就能製作出專屬於那種麵包的獨特三明治。添加了葡萄乾和核桃的麵包也是非常容易使用的麵包之一。鹽醃胡蘿蔔是稍微花點時間就能品嚐的涼拌胡蘿蔔，簡單的鮪魚沙拉讓德里風格的美味更勝一籌。

材料（1 份）

葡萄乾核桃裸麥麵包
（24 mm 的切片）……1 片（45g）
無鹽奶油……6g
鹽醃胡蘿蔔（用削片器削成絲後鹽醃，
參考 p.26、27）……35g
鮪魚沙拉（參考 p.50）……30g
沙拉小松菜（沙拉菠菜亦可，參考 p.13）
……4g

＊鹽醃胡蘿蔔也能改成拌美乃滋（參考
p.27）。

製作方法

1. 葡乾核桃裸麥麵包在上方中央切出開口，在內側抹上無鹽奶油。
2. 依序夾入沙拉小松菜、鮪魚沙拉、鹽醃胡蘿蔔。

【葡萄乾核桃裸麥麵包】
搭配食材的時候，建議善加運用葡萄乾的甜味和酸味，以及核桃的口感和香氣。

胡蘿蔔 ✕ 鹽麵包 + **改變食材！**　　　　　　　　　　　　　　**改變麵包！**

生火腿、甘藍和胡蘿蔔的鹹味三明治

鹽麵包恰到好處的鹹味和奶油香氣，直接享用就十分美味，如果製作成三明治，就能更妥善地運用麵包本身的味道。薄切胡蘿蔔的蓬鬆、溫和口感，再加上嫩甘藍的微苦風味。麵包和生火腿的鹹味和煉乳美乃滋的乳香甜味形成強烈對比，誘出各自的食材風味。

材料（1 份）
鹽麵包……1 個（52g）
煉乳美乃滋（參考 p.39）……10g
胡蘿蔔
　（用刨刀薄削，參考 p.26）……15g
嫩甘藍……5g
生火腿（帕爾瑪火腿）……1/2 片（6g）
黑胡椒……少許

製作方法
1. 鹽麵包從側面切出開口，將煉乳美乃滋 6g 抹在內側。
2. 夾上嫩甘藍，擠上 2g 的煉乳美乃滋，夾上生火腿。在進一步擠上 2g 的煉乳美乃滋，夾上胡蘿蔔。
3. 最後撒上粗粒黑胡椒。

涼拌胡蘿蔔絲的可頌三明治

可頌源自於法國，然而，法國當地卻幾乎看不到可頌的三明治，原因並不是因為可頌不適合製作成三明治，而是因為協調問題。這裡利用可頌和瑞可塔奶油醬的搭配，使整體和大量的生蔬菜更一致。核桃和葡萄乾的提味也能提升美味。

材料（1份）

可頌……1個（42g）
瑞可塔奶油醬（參考 p.42）……40g
涼拌胡蘿蔔絲（參考 p.35）……35g
芝麻菜……5g
核桃（烘烤）……2g
黑胡椒……少許

＊也可以用埃及的混合香辛料杜卡（參考 p.46）代替核桃。香辛料的香氣和堅果，都很適合胡蘿蔔。

製作方法

1. 可頌從側面切出開口，將瑞可塔奶油醬抹在內側。

2. 依序夾上芝麻菜和涼拌胡蘿蔔。

3. 最後撒上切碎的核桃和粗粒黑胡椒。

高麗菜 ✕ 吐司

淋上大量醬料的炸豬排，搭配高麗菜絲的經典組合，製作成三明治之後，同樣也會十分美味，但是，如果用高麗菜絲作為主要餡料，夾上吐司之後，味道就會變得平淡無奇。剛製作好的高麗菜絲的清脆口感和柔軟的吐司很難結合，經過一段時間後，口感會變得軟爛，高麗菜的味道也會變得怪異。因此，用高麗菜作為主角時，建議稍微花點工夫，才能引誘出高麗菜的美味。

鹽醃高麗菜和蟹味棒的三明治

材料（1份）

方形吐司（10片切）……2片

檸檬奶油（參考 p.42）……8g

無鹽奶油……6g

鹽醃高麗菜（略粗的高麗菜絲，參考 p.20、21）……70g

蟹味棒……4條（32g）

香草美乃滋（參考 p.39）……7g

白胡椒……少許

製作方法

1. 把無鹽奶油抹在1片方形吐司的單面，鋪上鹽醃高麗菜，撒上白胡椒。

2. 擠上香草美乃滋，鋪上撕成粗條的蟹味棒。

3. 把檸檬奶油抹在另1片方形吐司的單面，和 **2** 的吐司合併。用手掌從上方輕壓，讓食材和吐司更加緊密。

4. 切掉吐司邊，切成3等分。

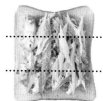

高麗菜 ✕ 吐司 + 改變食材！

塔塔高麗菜火腿三明治

微甜的春季高麗菜有著美麗的色調，是非常適合在當季採用的食材。水煮蛋和醃泡小黃瓜製成的
塔塔風沙拉，和火腿的搭配十分對味。同樣的組合也可以應用在長棍麵包或鹽麵包上面。

材料（1 份）

方形吐司（8 片切）……2 片
無鹽奶油……10g
高麗菜塔塔沙拉※……60g
里肌火腿……2 片（30g）

※ 春季高麗菜的塔塔沙拉（容易製作
的份量）
在春季高麗菜（7 mm 方形切）100g 裡
面放入鹽巴 2g 抓醃，放置 10 分鐘。
擠掉水分，加入水煮蛋（5 mm 丁塊狀）
1 個、蒔蘿醃黃瓜（5 mm 丁塊狀，參
考 p.36，市售品亦可）30g、美乃滋
20g、白胡椒少許混拌。

製作方法

1. 將一半份量的無鹽奶油抹在 1 片方形
吐司的單面，參考照片，放上里肌火腿。
2. 鋪上春季高麗菜的塔塔沙拉，把剩餘
的無鹽奶油抹在另 1 片方形吐司的單面，
將 2 片吐司合併。用手掌從上方輕壓，讓
食材和吐司更加緊密。
3. 切掉吐司邊，切成 3 等分。

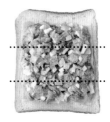

高麗菜 ╳ 吐司 ＋ 改變食材！

三色高麗菜沙拉和辣味烤雞的三明治

新鮮玉米的顆粒口感，以及作為甜味重點的高麗菜沙拉，讓顏色更加鮮豔，口感也非常好。就如同高麗菜沙拉在炸雞專賣店的三明治菜單中總是十分受歡迎，高麗菜沙拉和香辣烤雞也是相當速配。這裡以健康為取向，選擇搭配的是雞胸肉的香辣烤雞。形成味道與營養兼具的絕佳搭配。

材料（1份）
全麥粉吐司（8片切）……2片
檸檬奶油（參考p.42）……10g
三色高麗菜沙拉 ※……60g
香辣烤雞
（2.5mm切片，參考p.48）……60g
芝麻菜……8g
美乃滋……3g
黑胡椒……少許

※ 三色高麗菜沙拉（容易製作的份量）
將高麗菜（粗條）120g、玉米（可生吃的種類，如果沒有，也可以自行水煮）120g、胡蘿蔔（切絲）60g和洋蔥美乃滋（參考p.72）50g、帕馬森起司（粉末）10g混合在一起，再用各少許的鹽巴、白胡椒進行調味。

製作方法
1. 全麥粉吐司稍微烤至上色，將一半份量的檸檬奶油抹在1片吐司的單面。放上芝麻菜，擠上美乃滋，排放上香辣烤雞。撒上粗粒黑胡椒。
2. 鋪上三色高麗菜沙拉，將剩餘的檸檬奶油抹在另1片吐司的單面，和**1**的吐司合併。用手掌從上方輕壓，讓食材和吐司更加緊密。
3. 切成對半。

兩種高麗菜的魯賓三明治

魯賓三明治是源自美國的大份量三明治。主菜是令人吃驚的大份量燻牛肉，然後再搭配瑞士起司、德國酸菜、俄式沙拉醬，最後再用裸麥吐司夾起來。這裡則是進一步改良成燻牛肉適量，高麗菜倍增的健康版魯賓三明治。使用帶有酸味的德國酸菜和紫甘藍，別緻的顏色也充滿魅力。

材料（1份）

全麥粉吐司（8片切）……2片
艾曼達乳酪（切片）……1片（20g）
無鹽奶油……4g
德國酸菜（參考 p.35，市售品亦可）
……50g
鹽醃紫甘藍（參考 p.21）……35g
燻牛肉……50g
俄式沙拉醬（參考 p.43）……7g

製作方法

1. 把艾曼達乳酪放在全麥粉吐司上面，另一片直接維持原狀，稍微烤至起司融化。

2. 把無鹽奶油抹在沒有起司的全麥粉吐司上面，放上燻牛肉，擠上俄式沙拉醬。依序放上鹽醃紫甘藍、德國酸菜，和放了起司的吐司合併。用手掌從上方輕壓，讓食材和吐司更加緊密。

3. 切掉上下端的吐司邊，切成 3 等分。

高麗菜 ╳ 凱薩麵包 ＋ 改變食材！　　　　　　　改變麵包！

鹽醃高麗菜和沙拉雞的凱薩三明治

鹽醃高麗菜的份量會縮減，所以和其他菜葉蔬菜相比，可以夾上更多份量，同時也更容易食用，可說是鹽醃高麗菜的魅力所在。源自於澳洲的小型麵包『凱薩麵包』口感香酥，鹹味恰到好處，非常適合製作成三明治。雞肉、高麗菜和洋蔥這樣的簡單組合，只要加上煉乳美乃滋的微甜，就能創造出令人印象深刻的美味。

材料（1份）

高麗菜和新洋蔥

凱薩麵包（原味）……1個（45g）

無鹽奶油……5g

鹽醃高麗菜（參考 p.21）……25g

新洋蔥（薄切）……5g

舒肥雞胸肉（1.5 mm 切片，參考 p.49，市售品亦可）……40g

煉乳美乃滋（參考 p.39）……3g

白胡椒……少許

紫甘藍和紫洋蔥（Early Red）

凱薩麵包（白芝麻）……1個（45g）

無鹽奶油……5g

鹽醃紫甘藍（參考 p.21）……25g

紫洋蔥（薄切）……5g

舒肥雞胸肉（1.5 mm 切片，參考 p.49，市售品亦可）……40g

煉乳美乃滋（參考 p.39）……3g

白胡椒……少許

製作方法

1. 凱薩麵包從側面切出開口，在內側抹上無鹽奶油。夾上舒肥雞胸肉，撒上白胡椒。

2. 鋪上鹽醃高麗菜（或鹽醃紫甘藍），擠上煉乳美乃滋，鋪上新洋蔥（或紫洋蔥）。

德國酸菜鹹味熱狗麵包

德國酸菜非常適合搭配豬肉或豬肉加工品，在引誘出肉類鮮味的同時，還能帶來清爽的味覺口感。
經典的熱狗，加上大量的德國酸菜，搖身一變，就成了餘味清爽的美食風味。麵包一定要採用鹽
麵包。正因為簡單，所以更能凸顯出麵包與食材的個性。

材料（1份）
鹽麵包……1個（50g）
無鹽奶油……6g
德國酸菜
（參考 p.35，市售品亦可）……70g
香腸
（煙燻類型，粗粒）……1條（58g）
芥末粒……適量

製作方法
1. 鹽麵包從上方切出開口，在內側抹上
無鹽奶油。
2. 夾上 1/3 份量的德國酸菜，放上香腸。
再放上剩餘的德國酸菜，隨附上芥末粒。

芹菜 ✕ 吐司

芹菜的清爽香氣和口感，就算搭配麵包，仍十分有存在感，味道充滿個性。
將莖薄切後，就能產生清脆口感且更顯水嫩。如果用來取代洋蔥，就能實際
感受到味覺的大幅改變。尤其推薦搭配鮪魚或雞肉，清爽的餘韻持久不散。

芹菜鰹魚三明治

材料（1 份）

裸麥吐司（12 片切）……2 片
無鹽奶油……10g
芹菜（薄切）……50g
油封鰹魚（參考 p.50，市售品的
油漬鮪魚亦可）……35g
香草美乃滋（參考 p.39）……12g

＊芹菜也可以使用鹽醃（參考 p.29）。

製作方法

1. 把一半份量的無鹽奶油抹在 1 片裸麥吐
司的單面，放上撕成粗條的油封鰹魚，擠上
2/3 份量的香草美乃滋。

2. 放上芹菜，擠上剩餘的香草美乃滋。

3. 把剩餘的無鹽奶油抹在另 1 片裸麥吐司
的單面，和 **2** 的吐司合併。用手掌從上方
輕壓，讓食材和吐司更加緊密。

4. 切掉吐司邊，切成 3 等分。

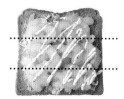

芹菜雞肉的長棍麵包三明治

長棍麵包搭配生蔬菜的時候，最重要的關鍵是咀嚼時的口感協調。為避免破壞長棍麵包的香氣，
必須選擇不容易釋出水分的蔬菜。再加上與芹菜十分對味的蘋果雞肉沙拉，與長棍麵包更加速配，
不夾進麵包裡面，個別裝盤品嚐，也十分推薦。葡萄乾的甜味和酸味、核桃的香氣成為味覺重點。

材料（1份）
長棍麵包……1/3 條（80g）
無鹽奶油……10g
芹菜雞肉沙拉※……60g
芝麻菜……4g
核桃（烘烤）……4g

製作方法
1. 長棍麵包從側面切出開口，在內側抹
上無鹽奶油。
2. 依序夾上芝麻菜、芹菜雞肉沙拉。最
後撒上切碎的核桃。

※芹菜雞肉沙拉（容易製作的份量）
把芹菜（薄切）100g、舒肥雞胸肉
（參考 p.49）100g、蘋果（帶皮切
絲）50g、葡萄乾 20g 放進碗裡，
混入檸檬汁 1 小匙和美乃滋 10g，
最後用少許的鹽巴、白胡椒調味。

苦瓜 ✕ 吐司

苦瓜就算經過鹽醃也不會出水，反而更能享受水嫩和清脆口感。雖然很少看到三明治採用苦瓜，但事實上，苦瓜很適合製作成三明治。獨特的苦味在加上鹽巴和柴魚片之後，味道就會更加沉穩，然後再搭配奶油起司，就能製作出更溫和的味道。運用苦瓜充滿個性的味道，試著自由搭配組合看看吧！

鹽醃苦瓜三明治

材料（1 份）
方形吐司（8 片切）……2 片
奶油起司……20g
柴魚拌苦瓜 ※……40g

※ 柴魚拌苦瓜（容易製作的份量）
苦瓜 1 條（淨重 200g）縱切後，去除種籽和瓜瓤，切成厚度 2 ㎜ 的半月切，用少於 1 小匙的鹽巴（4g）抓醃。和柴魚片 10g 混拌。

製作方法
1. 把一半份量的奶油起司抹在 1 片方形吐司的單面，放上柴魚拌苦瓜。
2. 把剩餘的奶油起司抹在另 1 片方形吐司的單面，和 **1** 的吐司合併。用手掌從上方輕壓，讓食材和吐司更加緊密。
3. 切掉吐司邊，切成 3 等分。

鹽醃苦瓜雞肉貝果三明治

柴魚拌苦瓜和日式風味的雞肉沙拉十分對味。重點是要使用添加葡萄乾的貝果。葡萄乾的甜酸滋味和苦瓜的苦味，產生的強烈對比格外新奇，餘韻也十分美味。混入大量黑胡椒的奶油起司，也是絕妙的味覺重點。我自己本身也非常喜歡這個組合。

材料（1個）
貝果（添加葡萄乾）……1個（90g）
黑胡椒奶油起司（參考p.42）……15g
柴魚拌苦瓜（參考p.102）……40g
舒肥雞胸肉拌芝麻美乃滋……50g

※ 舒肥雞胸肉拌芝麻美乃滋
（容易製作的份量）
沿著纖維將舒肥雞胸肉（參考p.49）
200g 撕成粗條，再和美乃滋 50g、
醬油 1 小匙、芝麻粉（白或黃）25g
混拌，最後用少許的鹽巴、白胡椒
調味。

製作方法
1. 果從側面切成上下兩半，分別在剖面抹上黑胡椒奶油起司。
2. 依序夾上舒肥雞胸肉拌芝麻美乃滋和柴魚拌苦瓜。

芽菜 ✕ 吐司

細嫩的新芽裡面充滿豐富營養的芽菜，就算夾上大量，仍然十分容易食用且味道細膩，十分有魅力。可享受到細莖交纏所形成的份量感，以及蓬鬆的彈力。芽菜和雞蛋沙拉特別對味，是非常值得推薦的組合。只要抹上較大量的奶油或奶油醬作為基底，就能讓味道更加穩定。

青花菜苗和雞蛋沙拉的三明治

材料（1 份）
方形吐司（12 片切）……2 片
香草雞蛋沙拉 ※……45g
無鹽奶油……6g
青花菜苗……15g

※ 香草雞蛋沙拉（容易製作的份量）
用較細的過濾器將 2 個水煮蛋壓碎（或切碎），撒上鹽巴、白胡椒各少許，預先調味後，和香草美乃滋（參考 p.39）20g 一起混拌。

製作方法
1. 把無鹽奶油抹在 1 片方形吐司的單面，鋪上青花菜苗。
2. 把香草雞蛋沙拉抹在另 1 片方形吐司的單面，和 **1** 的吐司合併。用手掌從上方輕壓，讓食材和吐司更加緊密。
3. 切掉吐司邊，切成 4 等分。

青花菜苗和雞蛋雞肉的奶油捲三明治

雞蛋和雞肉是絕對無庸置疑的組合。如果用小巧的奶油捲製作親子丼三明治的話，只要搭配芽菜，就能營造出華麗印象。夾上大量食材的三明治，往往給人很難食用的感覺，而芽菜就算只有少量，本身的蓬鬆感仍然可以營造出大份量的感覺，而且只要稍微按壓一下麵包，就不會有餡料掉落的問題，吃起來就不會有太大壓力。

材料（2個）
奶油捲麵包……2個（30g／個）
無鹽奶油……6g
青花菜苗……30g
雞蛋雞肉沙拉※……80g

※ 雞蛋雞肉沙拉（容易製作的份量）
把相同份量的雞蛋沙拉（參考 p.51）
和雞肉沙拉（參考 p.49）混拌在一起。

製作方法
1. 奶油捲麵包從側面切出開口，分別在內側抹上各一半份量的無鹽奶油。
2. 依序夾上各一半份量的雞蛋雞肉沙拉和青花菜苗。

甜椒 ✕ 吐司

通常甜椒都是用來配色比較多，但是，只要薄切後進行鹽醃，就可以晉身成為主角。只要再搭配煉乳美乃滋，就可以減淡甜椒的獨特腥味。首先，就試著簡單製作，好好享受甜椒的微甜和隱約的酸味吧！

甜椒三明治

材料（1份）
方形吐司（12片切）……2片
煉乳美乃滋（參考p.39）……16g
鹽醃甜椒（參考p.30）……70g
黑胡椒……少許

＊煉乳美乃滋換成瑞可塔奶油醬（參考p.42）也十分美味。這個時候，只要增加份量就可以了。只要增加些許甜味，甜椒的味道就會更鮮明。

製作方法
1. 把一半份量的煉乳美乃滋抹在1片方形吐司的單面，鋪上鹽醃甜椒，撒上粗粒黑胡椒。
2. 把剩餘的煉乳美乃滋抹在另1片方形吐司的單面，和1的吐司合併。用手掌從上方輕壓，讓食材和吐司更加緊密。
3. 切掉吐司邊，切成4等分。最後再撒上粗粒黑胡椒。

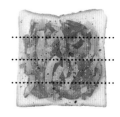

甜椒雞肉三明治

和甜椒相比，青椒的苦味比較強烈，但其實就算生吃，還是可以非常美味。清脆口感中帶點苦味，屬於成熟的成人風味。在美乃滋裡面加點醬油，稍微帶點日式風味。添加柴魚鮮味的部分也是重點。

材料（1個）
全麥粉吐司（8 片切）……2 片
美乃滋……10g
青椒（縱切成細條）……60g
雞肉沙拉（參考 p.49）……65g
柴魚片……2g
醬油美乃滋 ※……4g

※ 醬油美乃滋
以 10：1 的比例，將美乃滋和醬油混合在一起。

製作方法
1. 全麥粉吐司稍微烤至上色，在單面抹上各一半份量的美乃滋。
2. 鋪上青椒，擠上醬油美乃滋，鋪上柴魚片。
3. 鋪上雞肉沙拉，和另 1 片全麥粉吐司合併。用手掌從上方輕壓，讓食材和吐司更加緊密。
4. 切掉吐司邊，切成 3 等分。

白花椰菜 ╳ 吐司

加熱後，口感鬆軟，生吃則是清脆。用白花椰菜製作三明治時，生吃更能夠增加存在感。蔬菜通常都是用來配色居多，不過，只採用白花椰菜的大膽作法，反而更令人印象深刻。利用鹽巴、胡椒、葡萄酒醋醃泡，就能誘出味道的個性。

白花椰菜三明治

材料（1 份）
全麥粉吐司（8 片切）……2 片
有鹽奶油……8g
醃泡白花椰菜（參考 p.31）……55g

製作方法
1. 把一半份量的有鹽奶油抹在 1 片全麥粉吐司的單面，放上醃泡白花椰菜。
2. 把剩餘的有鹽奶油抹在另 1 片全麥粉吐司的單面，和 **1** 的吐司合併。用手掌從上方輕壓，讓食材和吐司更加緊密。
3. 切掉吐司邊，切成 3 等分。

白花椰菜雞蛋三明治

生的白花椰菜和雞蛋沙拉非常對味，醃泡過的白花椰菜，也很推薦搭配雞蛋沙拉。這裡稍微花點工夫，製作了添加咖哩醃白花椰菜和醃小黃瓜的雞蛋沙拉。麵包稍微烤香之後，就能與食材的個性更加調和。

材料（1 個）
山形吐司（10 片切）……2 片
煉乳美乃滋（參考 p.39）……18g
咖哩醃白花椰菜（參考 p.36）……36g
醃菜雞蛋沙拉 ※……60g

※醃菜雞蛋沙拉（容易製作的份量）
把水煮蛋 2 個壓碎，撒上各少許的鹽巴、白胡椒，預先調味。再混入美乃滋 24g 和蒔蘿醃小黃瓜（參考 p.36，市售品亦可，切碎末）40g。

製作方法
1. 山形吐司稍微烤至上色，將煉乳美乃滋 6g 抹在 1 片吐司的單面。將醃菜雞蛋沙拉抹滿整面。
2. 擠上煉乳美乃滋 3g，鋪上切成薄片的咖哩醃白花椰菜。再擠上煉乳美乃滋 3g。
3. 將剩餘的煉乳美乃滋抹在另 1 片山形吐司的單面，和 **2** 的吐司合併。用手掌從上方輕壓，讓食材和吐司更加緊密。
4. 只切掉下方的吐司邊，再切成 4 等分。

櫛瓜 ╳ 吐司

獨特的硬脆口感令人印象深刻。櫛瓜的簡單三明治，用檸檬和薄荷的香氣，製作出清爽的味道。外皮的鮮綠和內層的白色形成美麗對比，似乎能成為夏季三明治的新經典。

櫛瓜三明治

材料（1 份）
方形吐司（10 片切）……2 片
有鹽奶油……10g
櫛瓜（1.5 mm 的切片）……70g
檸檬汁……1 小匙
檸檬皮（磨成泥）……少許
薄荷（切碎末）……3～6 片
鹽巴……少許
白胡椒……少許

製作方法
1. 把櫛瓜放進調理盤，淋上檸檬汁，撒上鹽巴、白胡椒，讓味道入味。撒上檸檬皮和薄荷。預留少量的檸檬皮備用。
2. 把一半份量的有鹽奶油抹在 1 片方形吐司的單面，參考照片，將 **1** 的櫛瓜錯位排列。
3. 將剩餘的有鹽奶油抹在另 1 片方形吐司的單面，和 **2** 的吐司合併。用手掌從上方輕壓，讓食材和吐司更加緊密。
4. 切掉吐司邊，切成 3 等分。最後再撒上檸檬皮。

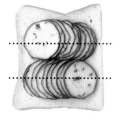

櫛瓜雞蛋三明治

櫛瓜和雞蛋沙拉十分對味。不光是味道，組合之後的色調也非常漂亮，是非常推薦的組合。搭配全麥粉吐司更加健康。混入黑胡椒的奶油起司增添濃郁，口感更棒。

材料（1個）
全麥粉吐司（8片切）……2片
雞蛋沙拉（參考p.51）……60g
黑胡椒奶油起司（參考p.42）
……15g
櫛瓜（2㎜的切片）……40g
鹽巴……少許
白胡椒……少許

製作方法
1. 將黑胡椒奶油起司抹在1片全麥粉吐司的單面，參考照片，將櫛瓜錯位排放，撒上鹽巴、白胡椒。
2. 將雞蛋沙拉抹在另1片全麥粉吐司的單面，和**1**的吐司合併。用手掌從上方輕壓，讓櫛瓜和雞蛋沙拉更加緊密。
3. 切掉吐司邊，切成3等分。

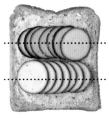

蘑菇 ✕ 吐司

蘑菇本身並沒有十分強烈的味道和香氣，但是，只要稍作調味或是在搭配的
時候多下點功夫，就能誘發出蘑菇的個性。比起白吐司，裸麥吐司的搭配組
合更為推薦。沉穩卻又不輸給裸麥吐司的蘑菇，存在感令人驚艷。

蘑菇裸麥三明治

材料（1份）
裸麥吐司（12 片切）……2 片
辣根酸奶油（參考 p.43）……15g
有鹽奶油……6g
蘑菇（2 mm 的切片）……3 朵（45g）
檸檬汁……少許
鹽巴……少許
白胡椒……少許

製作方法
1. 蘑菇撒上鹽巴、白胡椒，淋上檸檬汁醃泡（參考 p.32）。
2. 把一半份量的有鹽奶油抹在 1 片裸麥吐司的單面，參考照片，將 **1** 的蘑菇錯位排列。
3. 將辣根酸奶油抹在另 1 片裸麥吐司的單面，和 **2** 的吐司合併。用手掌從上方輕壓，讓食材和吐司更加緊密。
4. 切掉吐司邊，切成 4 等分。最後再撒上白胡椒。

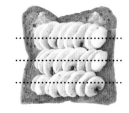

蘑菇生火腿三明治

明明沒什麼強烈的味道，和其他個性食材搭配之後，存在感卻依然鮮明，這就是蘑菇有趣的地方。
生火腿、羅馬綿羊起司全都是個性獨特、味道強烈的食材，但正因為蘑菇清淡，才能夠吸收到各
種食材的鮮味。獨特的口感也會令人上癮。

材料（1組）
坎帕涅麵包（橢圓形，24 mm 的切片）
……1 片（25g）
無鹽奶油……5g
蘑菇（2 mm 的切片）……15g
芝麻菜……3g
生火腿（帕爾瑪火腿）……10g
羅馬綿羊起司……3g
松露鹽（參考 p.46）……少許
E.V. 橄欖油……少許

【羅馬綿羊起司】
產自義大利羅馬的硬質起司。羊奶
起司。鹽分強烈，羊奶特有的鮮味
濃郁，少量使用就可以。亦可用帕
馬森起司代替。

製作方法
1. 坎帕涅麵包在上方中央切出開口，內
側抹上無鹽奶油。
2. 鋪上芝麻菜、生火腿後，淋上 E.V. 橄
欖油，鋪上蘑菇。最後撒上松露鹽，放上
用刨刀薄削的羅馬綿羊起司。

生菜 ✕ 吐司

生菜的柔嫩口感和沉穩的綠色漸層，讓三明治更顯高雅。比起口感強烈的食材，更適合搭配入口即化的食材。火腿泥的鬆軟溫和味道和大量的生菜十分速配。辣根的辛辣感形成整體味覺的重點。

生菜火腿泥三明治

材料（1份）
方形吐司（12片切）……2片
火腿泥（參考 p.51）……30g
辣根酸奶油（參考 p.43）……10g
生菜……12g

製作方法
1. 把辣根酸奶油抹在 1 片方形吐司的單面，放上生菜。
2. 在另 1 片方形吐司的單面抹上火腿泥，和 **1** 的吐司合併。用手掌從上方輕壓，讓食材和吐司更加緊密。
3. 切掉吐司邊，切成 4 等分。

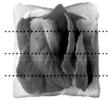

火腿、雞蛋和生菜的奶油捲三明治

比起清脆口感的菜葉蔬菜，菜葉柔嫩的生菜更適合柔軟的奶油捲麵包。和萵苣或綠葉生菜相比，生菜的菜葉較小，更容易和小麵包組合搭配的這一點也是其魅力所在。用火腿、雞蛋沙拉等味道柔和的經典食材簡單組合。

材料（各1個）

火腿
奶油捲麵包……1個（36g）
無鹽奶油……3g
生菜……4g
里肌火腿……2片（15g）
煉乳美乃滋（參考 p.39）……3g

雞蛋
奶油捲麵包……1個（36g）
無鹽奶油……3g
生菜……4g
雞蛋沙拉（參考 p.51）……40g
煉乳美乃滋（參考 p.39）……3g

製作方法

1. 奶油捲麵包從側面切出開口，在內側抹上無鹽奶油。

2. 夾上生菜，擠上煉乳美乃滋。分別夾上里肌火腿和雞蛋沙拉。

為了露出生菜菜葉的圓形部分，只要將根部切掉一大口，再夾進內部即可。

115

水菜 ╳ 吐司

菜葉蔬菜的作用不光只有配色。只要運用本身的口感特性，就能增加更多應用的可能性。水菜有著水嫩的口感。只要讓方向對齊，放在麵包上，再垂直切斷纖維，就能活用水菜的口感，同時更容易食用。重點在於梅子醬和白髮蔥的日式風味。即便是火腿和菜葉蔬菜這樣的經典組合，只要稍微花點工夫，就能創造出各種不同的變化。

水菜火腿的日式沙拉三明治

材料（1份）

方形吐司（12片切）……2片
無鹽奶油……10g
水菜……20g
火腿……2片（28g）
白髮蔥（參考 p.32）……4g
梅子醬……4g
美乃滋……4g

＊梅子醬亦可依個人喜好換成柚子胡椒。

製作方法

1. 把一半份量的無鹽奶油抹在1片方形吐司的單面，再重疊抹上梅子醬。

2. 依序放上火腿、白髮蔥，擠上一半份量的美乃滋。

3. 放上水菜，擠上剩餘的美乃滋。把剩餘的無鹽奶油抹在另1片方形吐司的單面，和2的吐司合併。用手掌從上方輕壓，讓食材和吐司更加緊密。

4. 切掉吐司邊，切成3等分。

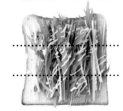

茼蒿 ╳ 吐司

生茼蒿的微苦和清爽香氣十分新奇。帕馬森起司和奶油起司2種起司的濃郁
和香氣和核桃口感之間的絕妙搭配，讓人實際感受到茼蒿的魅力。莖的部分
口感鮮明，這個部分同時也是味覺感受的重點所在。口感會隨著時間改變。
完成後就馬上享用吧！

茼蒿帕馬森起司三明治

材料（1份）
全麥粉吐司（8片切）……2片
黑胡椒奶油起司（參考 p.42）……20g
檸檬奶油（參考 p.42）……5g
茼蒿帕馬森沙拉※……以下完成的份量

※ 茼蒿帕馬森沙拉（1組份量）
將茼蒿（長度切成2 cm）50g、美乃滋
10g、帕馬森起司（粉末）10g、洋蔥
沙拉醬（參考 p.41）、核桃（烘烤、切
粗粒）25g、黑胡椒（粗粒）少許混合
在一起。

製作方法
1. 全麥粉吐司稍微烤至上色。在1片的單
面抹上檸檬奶油，鋪上茼蒿帕馬森沙拉。
2. 在另1片全麥粉吐司的單面抹上黑胡椒
奶油起司，和 **1** 的吐司合併。用手掌從上
方輕壓，讓食材和吐司更加緊密。
3. 切掉吐司邊，切成3等分。

西洋菜 ╳ 吐司

西洋菜的清涼感和辛辣，瞬間改變三明治味道的存在感。充滿個性的同時，
還能與蔬菜、雞蛋、肉類、魚貝類搭配的萬能部分也是其魅力所在。在裸麥
吐司與鮭魚泥的組合中，增添清爽的餘韻，顯現出食材各自的風味。

西洋菜鮭魚泥裸麥三明治

材料（1份）
裸麥吐司（12片切）……2片
鮭魚泥（參考p.51）……30g
辣根酸奶油（參考p.43）……15g
西洋菜……15g

製作方法
1. 把鮭魚泥抹在1片裸麥吐司的單面，放上西洋菜。
2. 將辣根酸奶油抹在另1片裸麥吐司的單面，和1的吐司合併。用手掌從上方輕壓，讓食材和吐司更加緊密。
3. 切掉吐司邊，切成4等分。

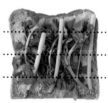

菊苣 ✕ 長棍麵包

經典長棍麵包三明治之所以很少使用生蔬菜，不是因為蔬菜會讓麵包變得水水的，就是因為口感不適合。外皮酥脆的法國麵包需要特別挑選食材，菊苣就是個不錯的選擇。菊苣的緊實口感不輸給麵包，同時也不容易釋出水分，獨特的微苦也非常適合起司。

菊苣法式火腿三明治

材料（1條）
迷你法國麵包……1條（100g）
無鹽奶油……10g
菊苣……28g
火腿……20g
艾曼達乳酪（切片）……20g
煉乳美乃滋（參考 p.39）……4g

【艾曼達乳酪】
代表瑞士的硬質起司。除適合直接使用於三明治或沙拉之外，在起司火鍋的食材使用上也相當知名。特色是起司表面有被稱為『起司眼』的圓孔。也可用格律耶爾起司或個人偏愛的起司片代替。

製作方法
1. 迷你法國麵包從側面切出開口，在內側抹上無鹽奶油。
2. 依序夾上火腿、艾曼達乳酪。擠上煉乳美乃滋，再夾上菊苣。

生蔬菜三明治的組合方法

基本篇

基本的組裝方法

三明治是簡單的輕食，本來就是非常自由的食物。只要用麵包把自己愛吃的食材夾起來，就沒問題了，在製作自己想吃的三明治時，應該不會有半點迷惘吧？

但是，如果是開發大眾菜單的話，就會不知道什麼才是正確答案，感覺格外的困難。以下就將本書的組合方式模組化，然後進行解說。不光是生蔬菜，所有三明治製作都可以應用這套方法。對菜單無所適從的時候，敬請作為參考。

① 1 種蔬菜

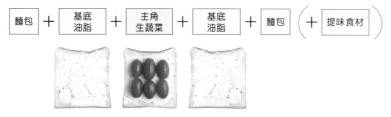

麵包 ＋ 基底油脂 ＋ 主角生蔬菜 ＋ 基底油脂 ＋ 麵包（＋ 提味食材）

使用整個或單純切割的生蔬菜時，就需要利用某些調味來引誘出蔬菜的味道（參考下一頁的「主角生蔬菜的調味方法」）。如果進一步重點添加香辛料或香草，即便是簡單的組合，味道仍會十分新穎。

例）小番茄三明治（參考 p.77）

② 2 種以上的蔬菜

麵包 ＋ 基底油脂 ＋ 主角生蔬菜 ＋ 醬料 ＋ 主角生蔬菜 ＋ 基底油脂 ＋ 麵包（＋ 提味食材）

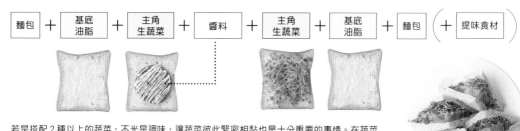

若是搭配 2 種以上的蔬菜，不光是調味，讓蔬菜彼此緊密相黏也是十分重要的事情。在蔬菜和蔬菜之間擠上醬料，餡料就不容易在切開後散開，同時也更容易食用。增加提味食材之後，就能在簡單中營造出調理感。

例）番茄芽菜三明治（參考 p.80）

③ 3 生蔬菜＋動物性食材

麵包 ＋ 基底油脂 ＋ 動物性食材 ＋ 醬料 ＋ 主角生蔬菜 ＋ 基底油脂 ＋ 麵包（＋ 提味食材）

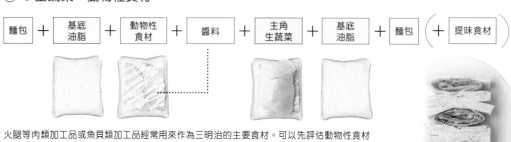

火腿等肉類加工品或魚貝類加工品經常用來作為三明治的主要食材。可以先評估動物性食材和生蔬菜之間的協調性，然後再考慮是否彌補不足的味道，或是反過來調和強烈個性，讓味道更顯溫和，又或者利用搭配的醬料，創造出更多不同的味道變化。

例）萵苣火腿三明治（參考 p.70）

主角生蔬菜的調味方法

以生蔬菜為主角時，可以對蔬菜本身進行調味，或是用醬料額外增添味道，藉此引誘出蔬菜本身的味道。調味方面，除了用鹽巴、胡椒、醋進行醃泡之外，也可以仔細醃漬成醃菜。若是搭配醬料，就要特別留意水分。只要塗抹在麵包上的奶油或奶油醬的味道足夠強烈，就足以作為基底調味料。

直接夾上生蔬菜（參考 p.58）　　夾上調味過的生蔬菜（參考 p.64）

動物性食材的挑選方法

除了火腿等肉類加工品、鮭魚或鮪魚等魚貝類加工品之外，起司也是製作三明治所必備的食材。市售品的品質多半都與價格呈正比。盡可能挑選優質的種類吧！傳統的保存食品大多鹹味強烈，已經有確實調味，因此，生蔬菜的部分不需要預先調味。手工製作的食材可以自行調整鹹度，這個部分雖是一大優點，但卻不適合長時間保存，要多加注意新鮮度的管理。

肉類加工品　　　　魚貝類加工品　　　　起司類

基底油脂的挑選方法

製作三明治的時候，基本上都會在麵包抹上奶油等油脂類抹醬作為基底。主要目的是預防食材的水分滲入麵包，同時讓麵包與食材更緊密地黏合，同時也有助於美味加分。味道強烈的食材選用無鹽奶油，沒有調味過的生蔬菜則建議選用有鹽奶油或調味奶油。依照搭配的食材選擇起司類的抹醬或是美乃滋類的抹醬。

檸檬奶油　　　　煉乳美乃滋　　　　瑞可塔奶油醬
（參考 p.42）　　（參考 p.39）　　（參考 p.42）

醬料的挑選方法

只要作為主角的生蔬菜和動物性食材、麵包足夠美味，就能夠製作出美味的三明治。不過，還是有讓美味更加分的方法。只要嚴格挑選醬料，就能讓美味更上一層。美味的層次就會大大不同。以美乃滋為基底的三明治醬料非常好用。醬料比較稀的話，只要混入帕馬森起司粉或芝麻粉等粉末狀的食材，就可以增加醬料的濃稠度。

香草美乃滋　　　　凱撒沙拉醬　　　　俄式沙拉醬
（參考 p.39）　　（參考 p.43）　　（參考 p.43）

提味食材的挑選方法

利用食材和醬料增加味道的層次，三明治就能從輕食變身成華麗的麵包料理。最後需要思考的是重點味覺。香草的清爽香氣、香辛料的刺激、堅果的酥脆口感等，只要在完成的時候，稍微加上一些，就能讓整體的味道更臻完美。芥末、山葵、柚子胡椒、蒜片或白髮蔥等，全都可以當成提味食材。

核桃提味（參考 p.101）　　黑胡椒提味（參考 p.106）

應用篇 **1**

多種蔬菜的組合方法

夾上大量食材的大份量三明治在近幾年越來越受歡迎，如果依照配色協調性去製作這種大份量三明治，往往會讓食材的搭配組合變得十分類似。另外，如果太過重視配色，食材數量就會增加，就很難使味道達到一致。搭配多種食材的時候，就試著縮小主題吧！就算是隨意選用的食材，只要一邊思考選用的理由，就能創造出外觀、味道截然不同的三明治。

配色考量

紅、綠、黃色的組合會形成強烈對比，創造出令人印象深刻的視覺。紅、綠、黃能夠展現鮮明色彩，可說是綜合三明治必定採用的經典組合。如果對色調有所堅持，就試著跳脫這種配色吧！例如，撞色組合。把紅色系的鮭魚和醃小黃瓜、芝麻菜的綠色，夾進褐色的裸麥吐司裡面，就成了成熟大人的色調。紫色的燻牛肉搭配同色系的紫甘藍時，只要搭配白色的德國酸菜，就能產生沉穩的印象。透過生動、活潑的色彩搭配，就能讓三明治的魅力更加倍增。

蔬菜和動物性食材為撞色
（參考 p.68）

蔬菜和動物性食材為同色系
（參考 p.97）

口感考量

蔬菜依種類的不同，而有軟嫩、清脆、硬脆等各種不同的口感個性，同時，不同的切法、組合方法也會瞬間改變印象。例如，番茄切片之後，口感清脆，但如果切成碎粒，水嫩口感就會變得鮮明，就能當成醬料使用。洋蔥也一樣，切片或切碎粒之後，即便同樣都是清脆，仍會有些許不同的口感。醃小黃瓜如果比較著重食用性的話，就比較適合採用切片或切碎粒，如果維持原有的大小，就會因為脆硬口感而更有存在感。溫和融入，或是口感強烈，選用食材的時候，只要妥善運用食材口感，即便是相同的組合，仍會有不同的味覺感受。

清脆口感
（參考 p.144）

滑嫩多汁
（參考 p.145）

雙層三明治的訣竅

基本上，吐司三明治都是用 2 片吐司把食材夾起來，不過，也有像總匯三明治那樣，用 3 片吐司的種類。這種 2 層餡料的三明治稱為『雙層三明治』。光是在正中央加上 1 片吐司，就能更容易地搭配更多食材，同時也能增加份量感。味覺感受、色彩印象也會因食材順序的不同而改變，因此，組合的時候要稍微思考一下。例如，苦瓜總匯三明治（參考 p.140）分別採用的是蔬菜和培根一層、雞肉和雞蛋一層。關鍵就在於，不刻意分開蔬菜和動物性食材，而將蔬菜和培根放在一起的部分，有了培根的鹹味和鮮味，蔬菜的味道和新鮮感就會更加鮮明。

強調蔬菜的新鮮感
（參考 p.140）

甜椒 & 雞蛋的鮮豔色彩
（參考 p.137）

單色協調的組合方式

p.58～119 介紹的三明治是,可實際感受到蔬菜個性的簡單組合,因此,或許很多人認為只有單品,感覺似乎稍嫌不足。如果希望讓味道、色彩、營養均衡等更加協調,就試著把 2 種、3 種單品組合起來吧!雖然挑選自己所愛也是一種方式,不過,製作盒裝三明治或茶點三明治的時候,依照主題配色,肯定不會有錯。首先是配色,同色系的漸層變化,給人內斂的印象,紅、黃、綠的組合則能產生華麗感。由火腿、雞蛋、小黃瓜等經典食材組成的茶點三明治,不論是經典組合或是日式的創意組合,全都充滿魅力。

同色系組合

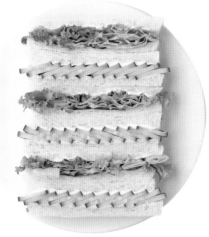

綠葉沙拉三明治　　　＋　　斜片小黃瓜三明治
（參考 p.71）　　　　　　　（參考 p.58）

多色組合

櫛瓜雞蛋三明治　　　＋　　胡蘿蔔絲鮪魚三明治
（參考 p.111）　　　　　　（參考 p.87）

茶點三明治組合（經典）

小黃瓜火腿泥三明治　　＋　　青花菜苗和
（參考 p.63）　　　　　　　雞蛋沙拉的三明治
　　　　　　　　　　　　　　（參考 p.104）

茶點三明治組合（日式創意）

日式醃小黃瓜三明治　　＋　　水菜火腿的
（參考 p.65）　　　　　　　日式沙拉三明治
　　　　　　　　　　　　　　（參考 p.116）

基本的綜合蔬菜 ✕ 吐司

綠色蔬菜和火腿＆雞蛋的綜合三明治

火腿、雞蛋和蔬菜的簡單綜合三明治是最經典的菜單。蔬菜和動物性食材的均衡搭配，美味當然不在話下，口感部分也是受歡迎的理由之一。這裡試著以火腿、雞蛋、綠色蔬菜為主角，用4片或3片吐司把相同的食材夾起來。

使用4片吐司的單層分離型三明治，可依照各自的組合，同時享受到2種美味。小黃瓜酪梨三明治清爽且健康。火腿雞蛋生菜三明治有著濃厚的咀嚼美味。如果再加上番茄三明治或水果、果醬三明治，組合出更華麗的綜合三明治，應該也很不錯。

綠色蔬菜和火腿＆雞蛋的綜合三明治

使用3片吐司，製作成2層的『雙層三明治』，因為中央多了一片吐司，所以可以夾上更多食材，同時也更加穩定。份量十足，口感也滿分，如果厚度太厚，會導致不容易食用的窘境，所以組裝的同時也要注意咬切的食用性。這裡把山形吐司稍微烤香，製作出酥脆的口感。食材會隨著咀嚼過程，在嘴裡充份調和，味覺感受和左頁的單層分離型截然不同。如果說單層分離型是『食材綜合三明治』的話，雙層型應該可說是『味道綜合三明治』吧！

基本的綜合蔬菜 ╳ 吐司

單層分離型【綠色蔬菜和火腿＆雞蛋的綜合三明治】

蔬菜三明治

火腿＆雞蛋三明治

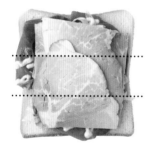

材料（1 份）
蔬菜三明治
全麥粉吐司（10 片切）……2 片
黑胡椒奶油起司（參考 p.42）……25g
無鹽奶油……4g
小黃瓜……50g（縱切 2 mm 的切片 9 片）
青花菜苗……15g
酪梨醬（參考 p.175）……45g
洋蔥美乃滋（參考 p.72）……2g

火腿＆雞蛋三明治
方形吐司（10 片切）……2 片
無鹽奶油……4g
雞蛋沙拉（參考 p.51）……60g
新洋蔥（用削片器薄切）……10g
生菜……8g
火腿……2 片（50g）
洋蔥美乃滋（參考 p.72）……4g

製作方法
1. 製作蔬菜三明治。小黃瓜切除蒂頭，將長度切成對半後，用削片器朝縱向削切成厚度 2 mm 的薄片（參考 p.22）。
2. 把黑胡椒奶油起司抹在 1 片全麥粉吐司的單面，鋪上青花菜苗。擠上洋蔥美乃滋，排放上 **1** 的小黃瓜。
3. 在另 1 片全麥粉吐司的單面抹上無鹽奶油，再重疊抹上酪梨醬，和 **2** 的吐司合併。用手掌從上方輕壓，讓餡料和吐司更加緊密。
4. 製作火腿＆雞蛋三明治。把無鹽奶油抹在 1 片方形吐司的單面，放上生菜，擠上一半份量的洋蔥美乃滋。鋪上新洋蔥，擠上剩餘的洋蔥美乃滋，放上火腿。
5. 在另 1 片方形吐司的單面抹上雞蛋沙拉，和 **4** 的吐司合併。用手掌從上方輕壓，讓餡料和吐司更加緊密。
6. 把 **3** 和 **5** 的三明治重疊在一起，切掉吐司邊，切成 3 等分。

組裝重點
單層分離型的綜合三明治要注意組合搭配時的協調，而非只單看 1 份吐司本身的色彩搭配。這裡的蔬菜三明治只有綠色色調，色彩量比較少，搭上火腿＆雞蛋三明治之後，就能讓兩者的對比更加鮮明。如果以這種組合為基礎，把甜椒三明治（參考 p.106）和西洋菜鮭魚泥裸麥三明治（參考 p.118）組合在一起，就能成為色彩更加多變且味道充實的綜合三明治。

雙層型【綠色蔬菜和火腿＆雞蛋的綜合三明治】

材料（1 份）

山形吐司（10 片切）……3 片
雞蛋沙拉（參考 p.51）……70g
黑胡椒奶油起司（參考 p.42）……30g
無鹽奶油……10g
小黃瓜……65g（斜切 3 mm 的切片 8 片）
青花菜苗……15g
新洋蔥（用削片器薄切）……10g
生菜……8g
火腿……2 片（50g）
酪梨醬（參考 p.175）……55g
洋蔥美乃滋（參考 p.72）……9g

製作方法

1. 小黃瓜切除蒂頭，用削片器斜削成厚度 2 mm 的薄片（參考 p.22）。

2. 山形吐司稍微烤至上色。將一半份量的無鹽奶油抹在 1 片吐司的單面，放上生菜。擠上洋蔥美乃滋 3g，放上新洋蔥，擠上洋蔥美乃滋 3g，放上火腿。

3. 在另 1 片山形吐司的單面抹上雞蛋沙拉，和 **2** 的吐司合併。在上面抹上剩餘的無鹽奶油，重疊抹上酪梨醬，鋪上青花菜苗。擠上剩餘的洋蔥美乃滋，參考照片，排列上 **1** 的小黃瓜。

4. 在 1 片山形吐司的單面抹上黑胡椒奶油起司，和 **3** 的吐司合併。用手掌從上方輕壓，讓餡料和吐司更加緊密。

5. 切掉下方的吐司邊，切成 4 等分。

組裝重點

通常，夾上大量食材的三明治，中央部分會產生厚度，但是，雙層三明治的中央多了 1 片吐司，所以整體就會比較穩定，完成的成品會比較平坦。不過，正因為吐司片數較多，所以整體比較厚實。如果太過重視份量，增加太多食材用量的話，就容易導致整體鬆散，同時也不容易食用，因此，要多加注意平衡。另外，光是改變各層的組合方式，就能夠改變味覺的感受。這裡把雞蛋和酪梨配置在內側，然後將火腿和小黃瓜隔開，就能讓各自的味道感受更加鮮明。相反的，如果把火腿和小黃瓜放在內側，雞蛋和酪梨放在外側，雞蛋和酪梨的奶香味就會比較明顯。一邊嘗試各種順序，試著找出符合個人喜好的協調配置吧！

活用色調的綜合蔬菜 ╳ 吐司

綠色系

綠色蔬菜和烤豬的日式綜合三明治

將紅、綠、黃平均組合的綜合三明治，華麗的視覺十分惹人矚目，但使用的食材往往受限且雷同。若要運用色調，大膽限制使用的色調，也是一種不錯的方法。把相同色系重疊在一起，加上漸層般的效果，就能產生沉穩形象。相同色系的食材味道大多都很速配，同時也能享受細膩味道的重疊層次。對於以菜葉蔬菜為主的綠色系蔬菜來說，醬料的選擇是美味的訣竅所在。美麗剖面的關鍵則是淋上醬料的位置。

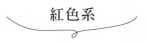

紅色系

紅色蔬菜和烤牛肉的綜合三明治

味道比綠色蔬菜強烈且充滿個性的紅、紫、橘色蔬菜，搭配相同色系的烤牛肉。烤牛肉的鮮明味道，不輸給蔬菜。如果重視易食用性的話，只要減少蔬菜的用量就可以了，不過，如果用量太少，就很難感受到各自的味道。搭配多種蔬菜的時候，要注意可以感受到各種蔬菜味道的份量與平衡。

活用色調的綜合蔬菜 ╳ 吐司

綠色系【綠色蔬菜和烤豬的日式綜合三明治】

材料（1 份）

全麥粉吐司（8 片切）……2 片
芝麻醬油美乃滋 ※……18g
小黃瓜……50g（縱切 2 mm 的切片 9 片）
萵苣……40g
紅萵苣……6g
青紫蘇……1 片
蘘荷（切絲）……6g
烤豬肉（片）……45g
美乃滋……3g

※ 芝麻醬油美乃滋（容易製作的份量）
將美乃滋 60g、醬油 1 小匙、芝麻粉（白或金）
8g 混拌在一起。

製作方法

1. 小黃瓜切除蒂頭，將長度切成對半後，用削片器朝縱向削切成厚度 2 mm 的薄片（參考 p.22）。

2. 把芝麻醬油美乃滋 5g 抹在 1 片全麥粉吐司的單面，放上烤豬肉。參考照片，在烤豬肉上面擠上芝麻醬油洋蔥美乃滋，擠在縱向 2 處，每處各 1g，再將 **1** 的小黃瓜錯位排列。

3. 和 **2** 相同，同樣把芝麻醬油美乃滋擠在 2 處，放上青紫蘇和蘘荷，同樣擠上芝麻醬油美乃滋。放上紅萵苣，擠上美乃滋。放上捲折好的萵苣（參考 p.19），同樣擠上芝麻醬油美乃滋。

4. 在另 1 片全麥粉吐司的單面抹上剩餘的芝麻醬油美乃滋 5g，和 **3** 的吐司合併。用手掌從上方輕壓，讓餡料和吐司更加緊密。

5. 用烘焙用蠟紙包起來（參考 p.83），切成對半。

組裝重點

夾上大量菜葉蔬菜的三明治，如果太過重視份量感和外觀，味道往往會變得清淡。只要在每次重疊食材的時候，加上一些醬料，就能在調味的同時，達到黏接蔬菜的效果，讓成品更加穩定。關鍵是要讓醬料避開吐司切割的位置。切割時，醬料一旦流出，就會弄髒切割的剖面。青紫蘇和蘘荷的香氣是重點，可以調和烤豬肉和芝麻醬油美乃滋的日式風味。

紅色系【紅色蔬菜和烤牛肉的綜合三明治】

材料（1份）

全麥粉吐司（8 片切）……2 片
辣根酸奶油（參考 p.43）……8g
有鹽奶油……8g
鹽醃胡蘿蔔（用削片器削成絲後鹽醃，
參考 p.26、27）……50g
鹽醃紫甘藍（參考 p.21）……40g
甜椒（紅，6 mm 細條）……24g
特雷威索紅菊苣……20g
紫甘藍芽……10g
紫洋蔥（切片）……6g
烤牛肉（片）……35g
洋蔥美乃滋（參考 p.72）……9g
肉汁……5g
鹽巴……少許
白胡椒……少許

製作方法

1. 把烤牛肉攤在調理盤上，撒上鹽巴、白胡椒，淋上肉汁。
2. 全麥粉吐司稍微烤至上色。將辣根酸奶油抹在 1 片吐司的單面，依序放上 **1** 的烤牛肉、紫洋蔥、紫甘藍芽。參考照片，將洋蔥美乃滋擠在縱向 2 處，每處各 1.5g。
3. 鋪上鹽醃胡蘿蔔和甜椒，和 **2** 相同，同樣把洋蔥美乃滋擠在 2 處。鋪上鹽醃紫甘藍，同樣擠上洋蔥美乃滋，鋪上特雷威索紅菊苣。
4. 在另 1 片全麥粉吐司的單面抹上有鹽奶油，和 **3** 的吐司合併。用手掌從上方輕壓，讓餡料和吐司更加緊密。
5. 用烘焙用蠟紙包起來（參考 p.83），切成對半。

組裝重點

在蔬菜和蔬菜之間擠上醬料的方式，就跟綠色蔬菜和烤豬的日式綜合三明治一樣。切絲的胡蘿蔔和紫甘藍，預先鹽醃入味就能減少份量，如此一來，就算夾上大量也沒問題。相對於吐司，食材份量較多的三明治，只要使用醬料黏接食材，切割的時候，三明治就不容易散開。再用烘焙用蠟紙包起來，就能讓整體更穩定，也更容易食用。

活用色調的綜合蔬菜 ╳ 吐司

白色系

白色蔬菜和雞肉的綜合三明治

一般的三明治通常偏愛一眼就能輕易想像的組合。白色蔬菜的三明治沒有綠色、紅色蔬菜那樣的華麗色彩，就連有什麼餡料都很難猜測。但在此同時，只要有效運用各個食材的味道，就能在吃的時候令人驚艷。這裡採用的組合是，白色蔬菜～白花椰菜、蘑菇、菊苣、高麗菜和雞肉沙拉。預先調味的蔬菜酸味和用來提味的檸檬香氣形成重點，清爽的同時，使素材的個性更加閃耀。

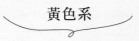

黃色系

黃色蔬菜和雞蛋的綜合三明治

白色系的三明治使用裸麥吐司,讓食材和吐司的顏色形成對比。相對之下,
黃色系的三明治則是使用白色吐司,享受麵包與食材的漸層變化。這裡以
黃色和白色混合的雞蛋沙拉為主軸,再搭配上黃色至白色系的蔬菜～黃色
櫛瓜、白花椰菜、Colinky 南瓜,藉此調和出沉穩的色調。香辛料的隱約
香氣、酸甜的醃菜和雞蛋的濃醇,調和出如同色調形象的溫柔味道。

活用色調的綜合蔬菜 ╳ 吐司

白色系【白色蔬菜和雞肉的綜合三明治】

材料（1 份）

裸麥吐司（12 片切）……2 片
檸檬奶油（參考 p.42）……10g
德國酸菜（參考 p.35，市售品亦可）……30g
醃泡白花椰菜（參考 p.31）……18g
蘑菇（2 mm 的切片）……15g
菊苣（3 mm 細條）……15g
雞肉沙拉（參考 p.49）……45g
檸檬皮（磨成泥）……少許
洋蔥美乃滋（參考 p.72）……9g
鹽巴……少許
白胡椒……少許

製作方法

1. 將一半份量的檸檬奶油抹在 1 片裸麥吐司的單面，依序放上雞肉沙拉和醃泡白花椰菜。擠上洋蔥美乃滋 3g，放上蘑菇。撒上鹽巴、白胡椒、檸檬皮。

2. 擠上洋蔥美乃滋 3g，放上菊苣。擠上剩餘的洋蔥美乃滋 3g，再放上德國酸菜。

3. 在另 1 片裸麥吐司的單面抹上剩餘的檸檬奶油，和 **2** 的吐司合併。用手掌從上方輕壓，讓餡料和吐司更加緊密。

4. 切掉吐司邊，切成 3 等分。

組裝重點

綠色系、紅色系三明治採用大量食材，藉此強調食材的色調，但若是搭配飽和度較低的食材，稍加控制份量，反而比較能表現出內斂形象。為了凸顯白色食材的顏色和味道，使用顏色較深的裸麥麵包，也是主要的重點之一。對比增加，白色食材的色調就會變得更加鮮明。這裡使用的是自製的德國酸菜，因此，顏色略偏黃色，但如果使用市售品的話，就能更加凸顯白色。

黃色系【黃色蔬菜和雞蛋的綜合三明治】

材料（1 份）

方形吐司（10 片切）……2 片
檸檬奶油（參考 p.42）……10g
Colinky 南瓜
（2 mm 的切片，參考 p.14）……45g
櫛瓜（黃色，切成麵條狀，參考 p.31）……35g
咖哩醃白花椰菜（參考 p.36）……30g
雞蛋沙拉（參考 p.51）……50g
洋蔥美乃滋（參考 p.72）……9g

製作方法

1. 將一半份量的檸檬奶油抹在 1 片方形吐司的單面，依序鋪上雞蛋沙拉和櫛瓜。擠上洋蔥美乃滋 3g，放上咖哩醃白花椰菜。
2. 擠上洋蔥美乃滋 3g，放上 Colinky 南瓜。擠上剩餘的洋蔥美乃滋 3g。
3. 在另 1 片方形吐司的單面抹上剩餘的檸檬奶油，和 **2** 的吐司合併。用手掌從上方輕壓，讓餡料和吐司更加緊密。
4. 切掉吐司邊，切成 3 等分。

組裝重點

運用特定色彩時，只要事先決定好作為味道和色彩的主軸食材，組合搭配就會更加順利。這裡的主軸是雞蛋沙拉。和雞蛋沙拉十分對味，咖哩風味的醃白花椰菜則是蔬菜部分的主角。把白花椰菜放進含有咖哩粉的醃泡液裡面，表面就會染成黃色，就能充份運用其淡雅的黃色。黃色色調最強烈的是 Colinky 南瓜（參考 p.14）。硬脆的口感、微甜且沒有腥味，最適合搭配麵包。因為白花椰菜和 Colinky 南瓜的口感比較重，所以把櫛瓜切成麵條狀，讓口感更加平衡。切成麵條狀之後，就能和雞蛋沙拉更加密合，也就更加穩定。

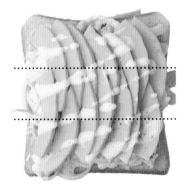

傳統沙拉的綜合蔬菜 ✕ 吐司

把凱撒沙拉夾進麵包

雞肉凱薩沙拉三明治

製作綜合蔬菜三明治,卻不知道該採用什麼食材時,就試著採用自己喜歡的沙拉吧!直接把世界的經典沙拉夾進麵包裡面,肯定會十分美味!源自墨西哥,從美國流傳至全球,深受世界各地喜愛的凱薩沙拉(參考 p.188),也是日本國內十分受歡迎的沙拉之一。重點就是把吐司想像成麵包丁,搭配烤過的吐司。以蘿蔓萵苣為主角,再加上雞肉,整體的口感就能加分許多。

尼斯風沙拉三明治

尼斯風沙拉誕生自法國南西部的尼斯，據說原本就是以生蔬菜為主體，不使用加熱過的蔬菜。把這種沙拉夾進麵包的三明治稱為尼斯三明治（Le Pan Bagnat），這裡則是搭配吐司，改良成更容易食用的三明治。只要嚴選鮪魚和番茄，就能製作出奢華的美味。這裡使用自製的油封鰹魚和水果番茄。鯷魚和橄欖製成的醬料—酸豆橄欖醬形成重點味覺，演繹出奢華的味道。

傳統沙拉的綜合蔬菜 ╳ 吐司

把**凱撒沙拉**夾進麵包【雞肉凱薩沙拉三明治】

材料（1份）
全麥粉吐司（8片切）……2片
無鹽奶油……10g
蘿蔓萵苣……48g
蜜漬甜椒（7㎜長條，參考p.34）……35g
香辣烤雞（4㎜切片，參考p.48）……68g
凱薩醬（參考p.43）……12g
帕馬森起司（粉末）……少許
黑胡椒……少許

製作方法
1. 全麥粉吐司稍微烤至上色，將一半份量的無鹽奶油抹在1片吐司的單面，放上香辣烤雞。擠上凱薩醬。
2. 放上蜜漬甜椒，擠上剩餘的凱薩醬。放上捲折的蘿蔓萵苣（參考p.19）。
3. 在另1片全麥粉吐司的單面抹上剩餘的無鹽奶油，和 **2** 的吐司合併。用手掌從上方輕壓，讓餡料和吐司更加緊密。
4. 切掉上下端的吐司邊，切成3等分。最後撒上帕馬森起司和黑胡椒。

組裝重點
用2片吐司製作的大份量三明治，最大的缺點是切割後容易散開，不過，只要先把吐司烤過，吐司就會變得比較硬脆，不易軟塌。綜合三明治往往會增加食材數量，不過，如果採用雞肉、甜椒、蘿蔓萵苣這樣的簡單組合，就能在增添份量感的同時，維持成品的穩定性。
醃泡的甜椒已經確實調味，所以就算切成大尺寸，同樣也能維持美味口感。若是使用沒有醃泡的甜椒，只要將甜椒切成更細的細條，減少用量，就能實現整體的協調。

把尼斯風沙拉夾進麵包【尼斯風沙拉三明治】

材料（1份）

全麥粉吐司（10片切）……3片
無鹽奶油……20g
水果番茄（6mm的切片）……40g
鹽醃甜椒（參考p.30）……25g
紫洋蔥（切片）……10g
芝麻菜……5g
油封鰹魚
（參考p.50，市售的油漬鮪魚亦可）……35g
水煮蛋……1個
洋蔥美乃滋（參考p.72）……12g
酸豆橄欖醬（參考p.40）……4g
鹽巴……少許
黑胡椒……少許
白胡椒……少許

製作方法

1. 水果番茄的兩面稍微撒上鹽巴，用廚房紙巾按壓，吸乾多餘的水分。

2. 在1片全麥粉吐司的單面，抹上無鹽奶油5g，擠上洋蔥美乃滋3g，放上芝麻菜。擠上洋蔥美乃滋3g，放上**1**的水果番茄，撒上粗粒黑胡椒。

3. 放上撕成粗條的油封鰹魚，擠上洋蔥美乃滋3g，放上紫洋蔥。在另1片全麥粉吐司的單面抹上無鹽奶油5g，合併後，用手掌從上方輕壓，讓餡料和吐司更加緊密。

4. 在**3**的吐司上面抹上無鹽奶油5g，重疊抹上酸豆橄欖醬。放上用切蛋器切片的雞蛋，撒上鹽巴、白胡椒。擠上洋蔥美乃滋3g，放上鹽醃甜椒。將剩餘的無鹽奶油5g抹在另1片全麥粉吐司的單面，用手掌從上方輕壓，讓餡料和吐司更加緊密。

5. 切掉吐司邊，切成3等分。

組裝重點

直接把撕成粗條的油封鰹魚夾進吐司，是為了展現自製油封鰹魚的美味之處。將洋蔥美乃滋和紫洋蔥重疊在一起，讓味道隨著咀嚼在嘴裡調和。使用市售鮪魚時，可以選擇固體類型（塊狀）。使用片狀的鮪魚時，也可以和洋蔥美乃滋、紫洋蔥混拌，製作成鮪魚沙拉。

獨特味道個性的綜合蔬菜 ✕ 吐司

苦瓜的苦味

苦瓜總匯三明治

製作三明治的時候，味道的調和非常重要，如果只是採用味道溫和的食材，味道就會顯得平淡無奇。若要增加變化，只要搭配提味用的食材或調味料，或是以味道鮮明的動物性食材為主，就沒問題了吧！若是以生蔬菜為主角，就選擇味道或口感個性強烈的食材吧！這裡是把經典的總匯三明治加以改良，將萵苣換成苦瓜。就算搭配培根、雞肉、雞蛋等較多的動物性食材，苦瓜的苦味依然十分鮮明，完全符合成熟大人的味道。是夏季值得推薦的全新經典。

醃菜沙拉三明治

帶有酸味的沙拉醬或醬料，能夠誘發出生蔬菜的美味。製成醃菜，讓生蔬菜本身帶有酸味的做法，也是另一種經典的享用方式。不過，醃菜大多被用於重點提味，很少被拿來作為主菜。這裡嘗試採用的組合是，用美乃滋和法國第戎芥末醬簡單調味的雞肉沙拉和自製醃菜。在兩者之間夾上蘿蔓萵苣，增添沙拉口感，再進一步搭配奶油起司和帕馬森起司，把鮮明的酸味調和得更加溫和。

獨特味道個性的綜合蔬菜 ✕ 吐司

苦瓜的苦味【苦瓜總匯三明治】

材料（1 份）

山形吐司（10 片切）……3 片
無鹽奶油……15g
鹽醃苦瓜（參考 p.31）……40g
番茄（大）……60g（6 mm 的切片 2 片）
紫洋蔥（薄片）……10g
雞肉沙拉（參考 p.49）……60g
水煮蛋……1 個
培根（切成對半，香煎）……3 片（40g）
洋蔥美乃滋（參考 p.72）……8g
奶油起司……15g
鹽巴、白胡椒、黑胡椒……各少許

製作方法

1. 在番茄的雙面輕撒鹽巴，用廚房紙巾按壓，吸乾多餘的水分。

2. 山形吐司稍微烤至上色，將無鹽奶油 5g 抹在 1 片吐司的單面。排放上用切蛋器切片的水煮蛋，撒上鹽巴、白胡椒，擠上洋蔥美乃滋 2g。

3. 在 2 的上面鋪上雞肉沙拉，擠上洋蔥美乃滋 2g，放上紫洋蔥。

4. 在另 1 片山形吐司的單面抹上無鹽奶油 5g，和 3 的吐司合併。用手掌從上方輕壓，讓餡料和吐司更加緊密。在最上面的吐司抹上無鹽奶油 5g。

5. 放上培根，擠上洋蔥美乃滋 2g。放上 1 的番茄片，撒上粗粒黑胡椒，進一步擠上洋蔥美乃滋 2g，放上鹽醃苦瓜。

6. 在另 1 片山形吐司的單面抹上奶油起司，和 5 的吐司合併。用手掌從上方輕壓，讓餡料和吐司更加緊密。

7. 切掉下方的吐司邊，切掉上方的山邊後，沿著對角線，將剩餘部分切成 4 等分。

組裝重點

苦瓜的鮮豔綠色和番茄的紅色形成引人矚目的強烈對比。番茄和培根的色調相近，在剖面視覺上並不明顯，但因為蔬菜層有培根，所以能夠讓蔬菜的味道更上一層，味道也會更加滿足。麵包和番茄沒有緊貼，所以也具有預防番茄的水分趁入吐司的效果。

也推薦把鹽醃苦瓜換成柴魚拌苦瓜（參考 p.102），同時再把洋蔥美乃滋換成芝麻醬油美乃滋（參考 p.130），就能變化成日式風味。

醃菜的酸味 【醃菜沙拉三明治】

材料（1份）

全麥粉吐司（8片切）……2片
無鹽奶油……5g
奶油起司……15g
小黃瓜、甜椒和紫洋蔥的
速成醃菜（參考 p.34）……50g
蘿蔓萵苣……28g
雞肉沙拉（參考 p.49）……50g
美乃滋……3g
帕馬森起司（粉末）……3g

製作方法

1. 全麥粉吐司稍微烤至上色，將無鹽奶油
抹在1片吐司的單面。放上雞肉沙拉，放上
捲折的蘿蔓萵苣（參考 p.19）。

2. 擠上美乃滋。速成醃菜依照小黃瓜、甜
椒的順序排列後，最後再鋪上紫洋蔥，然後
撒上帕馬森起司。

3. 在另1片全麥粉吐司的單面抹上奶油起
司，和 **2** 的吐司合併。用手掌從上方輕壓，
讓餡料和吐司更加緊密。切成對半。

組裝重點

確實調味的醃菜或醃泡蔬菜，能夠讓食材的
味道變得鮮明，即便只有少量，存在感仍然
十足。通常都是用來作為提味，不過，如果
大量使用，就能增強衝擊感。搭配雞肉或萵
苣，就能營造出拉沙三明治般的清爽口感。
使用奶油起司和帕馬森起司兩種起司，也是
美味的秘訣。奶油起司和帕馬森起司的鮮味
結合後，就能減淡酸味，讓味道變得比較溫
和。抹在吐司上的奶油起司具有預防水分滲
入吐司的效果，粉末狀的帕馬森起司也有鎖
住醃菜水分，延長醃菜美味的效果。

綜合蔬菜 ✕ 熱狗麵包

熱狗麵包和漢堡都是美國的代表性國民美食。最經典的組合是香腸、番茄醬和芥末，不過，各地區仍有各種不同的頂飾變化。其中以芝加哥風格的熱狗麵包最具代表。多汁水嫩的番茄和清脆的醃小黃瓜形成絕妙搭配，讓熱狗麵包搖身變成健康美食。酪梨或番茄的莎莎醬料組合，也非常經典。源自德國、義大利、墨西哥等各種豐富味道的頂飾，體現出唯有被稱為『人種沙拉碗』的美國才有的飲食文化。試著用沙拉的感覺，享受各種自由的搭配組合吧！

芝加哥風熱狗麵包

材料（1組）

熱狗麵包⋯⋯1條（45g）

美乃滋⋯⋯4g

香腸（煙燻類型，粗絞肉）⋯⋯1條（58g）

番茄（小）⋯⋯20g（6mm的半月切3片）

洋蔥（切碎末）⋯⋯7g

蒔蘿醃小黃瓜
（參考p.36，市售品亦可）⋯⋯1.5條（28g）

甜碎漬瓜（參考p.37）⋯⋯10g

醋漬青辣椒（切片，參考p.37）⋯⋯3g

芹鹽（參考p.46）⋯⋯少許

黃芥末⋯⋯3g

製作方法

1. 熱狗麵包從上方切出開口，在內側抹上美乃滋。

2. 香腸隔水加熱。

3. 把番茄和 **2** 的香腸夾進 **1** 的熱狗麵包，擠上黃芥末。

4. 依序鋪上縱切成對半的蒔蘿醃小黃瓜、甜碎漬瓜、醋漬青辣椒、洋蔥，撒上芹鹽。

＊正統的作法是，使用表面有罌粟籽的麵包和全牛肉的香腸。如果有辦法取得，就試著做做看吧！

沙拉風熱狗麵包

材料（1組）

熱狗麵包……1 條（45g）

美乃滋……4g

香腸（煙燻類型，粗絞肉）……1 條（58g）

紅萵苣（綠葉生菜亦可）……4g

義式番茄醬 ※1（參考 p.41）……20g

酪梨醬（參考 p.175）……18g

醋漬紫甘藍 ※2（市售品，參考 p.37）……18g

埃斯普萊特辣椒粉

（參考 p.44，辣椒粉亦可）……少許

※1 這裡使用的是義式風味的新鮮番茄醬，
不過，也可以依個人喜好，換成墨西哥風味
的莎莎醬（參考 p.175）。

※2 也可以自行把切絲的紫甘藍鹽醃，然後
再混入少許的醋使用。

製作方法

1. 熱狗麵包從上方切出開口，在內側抹上
美乃滋。

2. 香腸隔水加熱。

3. 把紅萵苣夾進 **1** 的內側，皺褶朝外露出，
將 **2** 的香腸夾在紅萵苣的上面。鋪上醋漬紫
甘藍，在熱狗麵包的另一剖面抹上酪梨醬，
將義式番茄醬鋪在中央。最後再撒上埃斯普
萊特辣椒粉。

03

放在麵包
上面 的生蔬菜

開放式三明治的組合方法

一般用 2 片吐司把食材夾起來的三明治稱為『封閉式三明治』，相對之下，把食材放在 1 片吐司上的三明治則稱為『開放式三明治』。就如同封閉式三明治必須掌握『夾』的技巧，才能實現味道或配色的協調一樣，開放式三明治同樣也需要掌握『鋪』的技巧，才能達到易食用性的平衡。儘可能簡單，才能夠有效活用食材的美味。只要了解減法的美味，就能更自由地創新。

抹醬麵包和開胃小菜？

抹醬麵包 Tartine 是法語，意指在麵包抹上奶油或是果醬。抹上果醬或奶油的早餐麵包或抹上肉醬的輕食麵包，以及用切片的鄉村麵包製作的開放式三明治，都算是 Tartine。開胃小菜 Canapé 也是法語，意指小尺寸的開放式三明治。使用的麵包是用圓形模型脫模的切片吐司，或是專門烤來製作開胃小菜的法國麵包切片，基本的做法就是先將麵包烤過，再把食材鋪在麵包上面，當成小點心或前菜享用。除特定的菜單之外，本書一律把較大麵包製作的種類統稱為抹醬麵包，小尺寸麵包製作的則稱為開胃小菜。

組合方法　1

基本作法是，把確實調味的奶油等基底抹在麵包上面，　然後再把切成容易食用（主要是薄切）的生蔬菜鋪在上面。由於蔬菜本身並沒有調味，所以要選擇帶有鹹味的基底，才能顯現出蔬菜本身的美味。最後的頂飾就以彌補味道或風味的目的，進行添加吧！

基底 醬料 或 奶油	+	生蔬菜	+	頂飾

例1）　小番茄的抹醬麵包（參考 p.152）

光是把帶有蒜頭和香草香氣的法式香草白奶酪蘸醬抹在麵包上面，就已經十分美味，如果再加上小番茄的多汁口感和酸甜滋味，就能成為更為內斂的麵包料理。蒔蘿香氣的重點提味也令人印象深刻。

基底 法式香草白奶酪蘸醬 （參考 p.43）	+	生蔬菜 小番茄	+	頂飾 蒔蘿

例2）　蘑菇的抹醬麵包（參考 p.158）

檸檬奶油的鹹味和香氣，誘發出清爽的蘑菇風味。
頂飾的帕馬森起司增添鹹味和鮮味，建構出味道的骨骼。

基底 檸檬奶油 （參考 p.42）	+	生蔬菜 蘑菇	+	頂飾 檸檬汁 帕馬森起司 白胡椒

例3）　水茄子的抹醬麵包（參考 p.160）

鯷魚和橄欖的鮮明味道，把清淡的水茄子和麵包變成料理。
利用最後的橄欖油和羅勒香氣，演繹出沉穩形象。

基底 酸豆橄欖醬 （參考 p.40）	+	生蔬菜 水茄子	+	頂飾 羅勒 橄欖油

把無鹽奶油或橄欖油等，沒有鹹味的基底抹在麵包上面，然後再鋪上確實調味過的生蔬菜。光是單品就十分美味，如果重疊太多，可能不是太鹹，就是香味太過複雜，所以重點就是採用減法的方式配置。頂飾可以在進行生蔬菜調味時預先混入。

基底		調味過的生蔬菜		頂飾
無鹽奶油 或 E.V. 橄欖油	＋	調味過的生蔬菜	＋	頂飾

例） **海蘆筍的開胃小菜**（參考 p.161）

主要的海蘆筍已經確實調味，所以基底就採用無鹽奶油。
再利用金芝麻為簡單的組合增添香氣。

基底		調味過的生蔬菜		頂飾
無鹽奶油	＋	調味過的海蘆筍	＋	金芝麻

把無鹽奶油或橄欖油等，沒有鹹味的基底抹在麵包上面，放上主要的生蔬菜，然後再搭配副食材。再進一步把彌補味道的頂飾食材和最後用來提味的頂飾調味料混合在一起，重疊上各種不同的要素，就可以感受到味道的擴散與層次的進階組合。

基底		生蔬菜＋副食材		頂飾食材	頂飾調味料
無鹽奶油 或 E.V. 橄欖油	＋	生蔬菜＋副食材	＋	頂飾食材	頂飾調味料

例） **菊苣洋梨的抹醬麵包**（參考 p.156）

使用添加果乾的裸麥麵包，運用麵包本身的味道，同時搭配多種主角級別的食材。

基底		生蔬菜＋副食材		頂飾食材	頂飾食材
無鹽奶油	＋	菊苣、西洋梨	＋	金芝麻	蜂蜜 黑胡椒

烤麵包的基礎

用麵包夾食材的時候，通常是濕潤、柔軟的麵包比較適合，但如果是把食材放在麵包上面，基本上要採用烤過的麵包。麵包如果濕潤柔軟的話，很難單手拿著吃，食材也會掉滿地。麵包烤酥脆後，口感也會變得輕盈，而且更容易食用。

根據食材決定麵包的切法

基本上，早餐的抹醬麵包都是把長棍麵包水平橫切。雖然日本國內並不習慣這種切法，可是，帶有氣孔的長棍麵包如果採用垂直切片的方式，果醬就會透過氣孔滴落地面。如果採用水平橫切，就算抹上醬料狀的食材也沒問題，因為下方有麵包皮可以承接。若是考量到易食用性，直切的薄片是最好的。這個時候，只要搭配不用擔心汁液可能從氣孔滴落的食材就沒問題了。大型的鄉村麵包如果直接使用切片後的一整片，就能製作出豪邁十足的麵包料理。希望變得更容易食用時，再進一步切成對半吧！

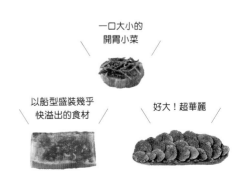

一口大小的
開胃小菜

以船型盛裝幾乎
快溢出的食材

好大！超華麗

番茄 ✕ 長棍麵包

普切塔 Burschetta 是義大利的麵包料理，將麵包烤過之後，用蒜頭在麵包表面搓磨，再淋上橄欖油的香蒜麵包。上面鋪有番茄的番茄沙拉普切塔 Bruschetta alla checca 是非常受歡迎的經典前菜。薄切烘烤的麵包和多汁鮮嫩的義式番茄醬，形成絕妙的對比。只要鋪上醬料，就可以馬上享用。

義式番茄醬的普切塔

材料（3 份）
長棍麵包（10 mm 的切片）……3 片（5g ／片）
義式番茄醬（參考 p.41）……60g

製作方法
1. 用烤箱把長棍麵包烤至表面上色的酥脆程度。
2. 分別放上 1/3 份量的義式番茄醬。

基底		調味過的生蔬菜		頂飾
E. V. 橄欖油	+	調味過的番茄	 +	羅勒

番茄 ✕ 長棍麵包

加泰羅尼亞番茄麵包 Pan con Tomate 是西班牙加泰隆尼亞地區的知名麵包料理，感覺和番茄沙拉普切塔十分類似，但更為簡單。把磨成泥的番茄放在堅硬的麵包表面，麵包就會開始軟化。鋪上大量磨成軟泥的番茄後，就能盡情享受番茄和麵包的完美結合。如果用垂直切片的長棍麵包，番茄的水分或橄欖油就會透過氣孔滴落，不過，只要採用水平橫切的方式，就能利用麵包皮承接。番茄和長棍麵包，即便是相同的組合，仍會因切法或食材的組合搭配，徹底改變味道的印象。

西班牙番茄麵包

材料（2 份）
長棍麵包……10 cm
番茄（汆燙後磨成泥）……100g
蒜頭……1/2 瓣
蜂蜜……1 小匙
鹽巴……少許
E.V. 橄欖油……1 大匙

製作方法
1. 長棍麵包從側面切成上下兩半。用蒜頭剖面搓磨麵包的剖面，增添麵包香氣。用烤箱烤至表面上色的酥脆程度。
2. 把番茄、蜂蜜、鹽巴放進調理碗混拌。
3. 在 **1** 的麵包上面淋上 E.V. 橄欖油，再分別把 **2** 的一半份量鋪在麵包上面。

番茄用略粗的陶瓷磨泥器（參考 p.55）磨成軟泥，或是用菜刀切成細末。汆燙之後，口感會變得更好。

基底		調味過的生蔬菜		頂飾
蒜頭、E.V. 橄欖油	+	調味過的番茄	+	蜂蜜

番茄 ╳ 全麥粉吐司

色彩鮮艷的小番茄,切片後放在麵包上面,不僅容易食用,視覺上也是魅力滿點。風味豐富的全麥粉吐司,烤過之後,香氣更勝。再搭配上充滿香草和蒜頭香氣的法式香草白奶酪蘸醬,小番茄和麵包就會在嘴裡調和。正因為抹在麵包上的基底有充分調味,才能有如此協調的美味。

小番茄的抹醬麵包

材料(1片)
全麥粉吐司(橢圓形,12㎜的切片)
……1片(18g)
法式香草白奶酪蘸醬(參考 p.43)……16g
七彩小番茄……35g
貝比生菜……少許
蒔蘿……少許
鹽巴……少許

製作方法
1. 用烤箱把全麥粉吐司烤至表面上色的酥脆程度。
2. 抹上法式香草白奶酪蘸醬,鋪上切片的七彩小番茄。
3. 妝點上貝比生菜、蒔蘿,在小番茄上面撒點鹽巴。

基底		生蔬菜	頂飾
法式香草白奶酪蘸醬		小番茄	蒔蘿

番茄 ╳ 長棍麵包

任何蔬菜只要改變切法、調味、烹調方法，就能瞬間改變印象，同時產生細膩的味道。只要進一步搭配組合，就能讓基本的味道更有層次，將一種蔬菜的味道發揮至最大極限。用番茄、羅勒和馬自拉乳酪製作的經典卡布里沙拉也一樣，只要把半乾番茄和製成醬料的番茄加以層疊，就能感受到更濃醇的番茄風味。

卡布里沙拉的開胃小菜

材料（3 片）
長棍麵包（10 mm 的切片）……3 片（5g／片）
羅勒醬（參考 p.40）……9g
水果番茄（5 mm 的半月切）……6 片
油漬半乾番茄（參考 p.25）……6 塊
馬自拉乳酪（5 mm 的半月切）……6 塊
義式番茄醬（參考 p.41）……18g
鹽巴……少許

製作方法
1. 用烤箱把長棍麵包烤至表面上色的酥脆程度。
2. 分別抹上 1/3 份量的羅勒醬，依序重疊上馬自拉乳酪、水果番茄、油漬半乾番茄各 2 組，撒上鹽巴。
3. 最後，分別將 1/3 份量的義式番茄醬鋪在上面。

基底　羅勒醬　＋　生蔬菜　水果番茄、半乾番茄　＋　頂飾　馬自拉乳酪、羅勒

153

櫻桃蘿蔔 ✕ 長棍麵包

櫻桃蘿蔔搭配奶油是法國的經典吃法。清爽的櫻桃蘿蔔，搭配上大量的奶油，可以增加濃郁的口感，在櫻桃蘿蔔的辛辣之後，能夠感受到清爽的餘韻。試著吃上一口，就能了解箇中滋味。只要製作成一口大小的開胃小菜，就更容易食用，同時能實際感受到櫻桃蘿蔔和奶油的絕妙搭配。能夠確實感受到鹹味的法式有鹽奶油，就是最優質的調味料。

櫻桃蘿蔔和奶油的開胃小菜

材料（3片）
長棍麵包（10 mm的切片）……3片（5g／片）
櫻桃蘿蔔……4 ～ 5 個
有鹽發酵奶油（法國產）……15g
白胡椒……少許
櫻桃蘿蔔的葉子……少許

製作方法
1. 用烤箱把長棍麵包烤至表面上色的酥脆程度。
2. 分別將 1/3 份量，切成薄片的有鹽發酵奶油放在麵包上面。
3. 用削片器將櫻桃蘿蔔薄削，鋪在 **2** 的麵包上面。隨附上櫻桃蘿蔔的葉子，最後再撒上白胡椒。

基底		生蔬菜		頂飾
有鹽發酵奶油	+	櫻桃蘿蔔	+	白胡椒

七彩蘿蔔 ╳ 坎帕涅麵包

把櫻桃蘿蔔和奶油的組合換成七彩蘿蔔，簡單的開胃小菜就成了華麗的抹醬麵包。
日式風格強烈的蘿蔔，用檸檬補足香氣，就能毫無違和地搭配麵包。櫻桃蘿蔔也
好，七彩蘿蔔也罷，清脆的口感便是主要的美味關鍵。完成後，馬上品嚐吧！

七彩蘿蔔的抹醬麵包

材料（2片）

坎帕涅麵包（橢圓形，12mm的切片）
……2片（15g／片）
檸檬奶油（參考p.42）……16g
七彩蘿蔔（紅芯蘿蔔、紫蘿蔔、青長蘿蔔等，
依個人喜好，參考p.14）……36g
檸檬皮（磨成泥）……少許
白胡椒……少許

製作方法

1. 用烤箱把坎帕涅麵包烤至表面上色的
酥脆程度。
2. 七彩蘿蔔削除外皮，用削片器削成厚
度2mm的薄片後，切成放射狀。
3. 分別把一半份量的檸檬奶油抹在 **1** 的
麵包上面，妝點上 **2** 的七彩蘿蔔。最後撒
上檸檬皮和白胡椒。

基底		生蔬菜		頂飾
檸檬奶油	+	七彩蘿蔔	+	檸檬皮、白胡椒

菊苣 ╳ 乾果裸麥麵包

以菊苣和西洋梨為主角的抹醬麵包，乾果裸麥麵包的自然甜味和酸味成為美味的基底。菊苣和乾果的甜味、生火腿和藍黴起司的鹹味、裸麥的酸味。充滿個性的食材，連同奶油和蜂蜜一起咀嚼，在嘴裡調和的味道格外有趣，能夠深刻感受到抹醬麵包的層次感。

菊苣洋梨的抹醬麵包

材料（2片）
乾果裸麥麵包（橢圓形，9mm的切片）
……2片（20g／片）
無鹽奶油……14g
菊苣（切成8mm寬）……20g
西洋梨（銀杏切）……30g
生火腿（帕爾瑪火腿）……6g
藍黴起司（古岡左拉皮坎堤起司）……6g
蜂蜜……8g
黑胡椒……少許

製作方法
1. 用烤箱把乾果裸麥麵包烤至表面上色的酥脆程度。
2. 分別抹上一半份量的無鹽奶油，放上菊苣和西洋梨。分別淋上2g的蜂蜜後，把撕碎的生火腿和切成5mm丁塊的藍黴起司放在上面。
3. 最後再分別淋上2g的蜂蜜，再撒上黑胡椒。

【古岡左拉皮坎堤起司】
義大利的藍黴起司，特色是藍黴特有的辛辣口感。鹹辣之間還帶有隱約的甜味。

基底		生蔬菜＋副食材		頂飾食材		頂飾調味料
無鹽奶油	＋	菊苣、西洋梨	＋	生火腿、藍黴起司		蜂蜜、黑胡椒

芹菜 ✕ 乾果裸麥麵包

應用菊苣和西洋梨的組合,把主角換成芹菜和蘋果的抹醬麵包。組合的方式相同,只是改變了主要的蔬菜和果實、起司的種類,味道無限延伸。若要搭配多種個性食材,就必須熟知各種食材。請細細品嚐味道的重疊與延伸。

芹菜蘋果的抹醬麵包

材料(2片)

乾果裸麥麵包(橢圓形,9 mm的切片)
……2片(20g／片)
無鹽奶油……14g
芹菜(薄片)……16g
蘋果(銀杏切)……15g
生火腿(帕爾瑪火腿)……6g
白黴起司(布利乾酪)……24g
蜂蜜……8g
黑胡椒……少許

製作方法

1. 用烤箱把乾果裸麥麵包烤至表面上色的酥脆程度。

2. 分別抹上一半份量的無鹽奶油,放上蘋果和切成薄片的白黴起司。分別淋上2g的蜂蜜後,放上芹菜和撕碎的生火腿。

3. 最後再分別淋上2g的蜂蜜,再撒上黑胡椒。

【布利乾酪】
做為卡芒貝爾乾酪原型的法國傳統白黴起司。中央有濃稠的乳香。這裡使用溫和類型。

基底		生蔬菜+副食材		頂飾食材		頂飾調味料
無鹽奶油	+	芹菜、蘋果	+	生火腿、白黴起司		蜂蜜、黑胡椒

蘑菇 ✕ 坎帕涅麵包

很少被當成主角的蘑菇，充分發揮蘑菇魅力的一道。檸檬和帕馬森起司作為配角，凸顯蘑菇的個性。製作三明治時，基於配色問題，往往會搭配多種食材，或是用醬料增加味道，不過，減法料理哲學是很重要的。品嚐到簡單的抹醬麵包，更能細細品味食材的魅力。

蘑菇的抹醬麵包

材料（2 片）
坎帕涅麵包（橢圓形，10 mm 的切片）
……2 片（14g／片）
檸檬奶油（參考 p.42）……10g
蘑菇（1 mm 的切片）……30g
帕馬森起司（用削片器薄削）……6g
鹽巴……少許
白胡椒……少許
檸檬（梳形切）……2 塊

製作方法
1. 用烤箱把坎帕涅麵包烤至表面上色的酥脆程度。
2. 分別抹上一半份量的檸檬奶油，放上蘑菇。撒上鹽巴、白胡椒，放上帕馬森起司。
3. 隨附上檸檬，在吃之前，擠上檸檬汁再享用。

【帕馬森起司】
義大利的硬質起司。特色是長時間熟成所產生的濃醇鮮味和豐富香氣。可運用其鮮明的鹹味和濃郁，當成調味料使用。

基底		生蔬菜	頂飾
檸檬奶油	+	蘑菇	+ 帕馬森起司、白胡椒、檸檬汁

松露 ✕ 魯邦麵包

松露是眾所皆知的高級食材且認知度極高，但是，日本國內並不容易取得，因此，很少有機會吃到。松露的特有香氣很難處理，如果選錯搭配的食材，也可能抹滅掉原本的香氣。不瞭解松露的魅力，卻又想嘗試看看的話，可以試試這種抹醬麵包。抹上大量充滿松露香氣的奶油，再鋪上大量的松露片。正因為簡單，所以更能實際感受到松露的絕對美味。選擇存在感不輸給松露的麵包，也是重點之一。

黑松露的抹醬麵包

材料（2片）
魯邦麵包（橢圓形，9mm的切片）
……1片（34g／片）
松露奶油（參考 p.42）……20g
黑松露（極薄片）……20g

製作方法
1. 用烤箱把魯邦麵包烤至表面上色的酥脆程度，斜切成等分。
2. 抹上松露奶油，放上黑色松露。

基底
松露奶油 + 生蔬菜
黑松露

【魯邦麵包】
酸味強烈的麵包。也可以採用坎帕涅麵包。

水茄子 ╳ 全麥粉吐司

水嫩且沒有腥味的水茄子，帶有隱約的甜味，就算生吃也十分美味。鹹味鮮明的
酸豆橄欖醬，彌補水茄子的清淡，出奇地適合麵包。只要再加上羅勒和橄欖油的
香氣，就能讓整體稍微帶點義大利風味。

水茄子的抹醬麵包

材料（1 片）
全麥粉麵包（橢圓形，12 mm 的切片）
……1 片（20g ／片）
酸豆橄欖醬（參考 p.40）……4g
水茄子（2 mm 的切片）……30g
羅勒……少許
E.V. 橄欖油……少許

製作方法
1. 用烤箱把全麥粉吐司烤至表面上色的
酥脆程度。
2. 抹上酸豆橄欖醬，放上水茄子。放上
切絲的羅勒和小的羅勒葉，淋上 E.V. 橄欖
油。

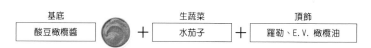

基底　　　　　　　　　　　生蔬菜　　　　　　頂飾
酸豆橄欖醬　＋　水茄子　＋　羅勒、E.V. 橄欖油

海蘆筍 ╳ 長棍麵包

生蔬菜搭配麵包時，不是將抹於麵包的基底確實調味，就是將蔬菜本身確實調味，又或者如果是兩者都進行調味時，就要稍微思考一下味道的平衡。海蘆筍（參考 p.16）本身含有鹹味，充滿無可取代的個性。關鍵就是沒有太多調味，善用食材原味的簡單組合。檸檬、橄欖油和芝麻之間的均衡協調，創造出清爽口感。

海蘆筍的開胃小菜

材料（3片）
長棍麵包（10㎜的切片）
……3片（5g／片）
無鹽奶油……9g
海蘆筍芝麻沙拉※……24g
金芝麻……少許

製作方法
1. 用烤箱把長棍麵包烤至表面上色的酥脆程度。
2. 分別抹上 1/3 份量的無鹽奶油，再分別鋪上 1/3 份量的海蘆筍芝麻沙拉。最後再撒上金芝麻。

※ 海蘆筍芝麻沙拉
（容易製作的份量）
把檸檬汁 10㎖、法國第戎芥末醬 2g、鹽巴、白胡椒各少許混拌在一起後，再混入 E.V. 橄欖油 20㎖ 和金芝麻（白芝麻亦可）10g，然後再和海蘆筍（參考 p.16）50g 一起混拌。

基底		生蔬菜		頂飾
無鹽奶油	+	調味的海蘆筍	+	金芝麻

04

生蔬菜是配角
的異國三明治

火腿是主角，蔬菜是配角

塊根芹的法式火腿三明治

Jambon-Céleri-rave-Beurre
France

法語 Jambon 意指火腿，Beurre 則是指奶油。長棍麵包加上奶油和火腿的簡單
組合，可說是三明治的美味原點。如果要搭配生蔬菜，就要選擇口感和香氣不
輸給長棍麵包，或不容易出水的種類。塊根芹的清脆口感和特有的清爽香氣，
和火腿非常速配，再加上檸檬奶油的使用，就能讓塊根芹的美味更上一層。越
是咀嚼，越是能實際感受到組合的調和。

<h3 align="center">肉是主角，蔬菜是配角</h3>

烤牛肉和西洋菜的三明治

Roast Beef and Watercress Sandwich
U.K.

據說『三明治』這個名稱的由來，源自於三明治伯爵（Sandwich）讓管家製作
的「夾著 2 片薄切烤牛肉的麵包」。就跟法國的火腿三明治一樣，基本上，三
明治的原點就是『麵包和肉』的簡單組合。這種三明治的主角終究是『肉』。
西洋菜的清爽辣味和香氣，讓烤牛肉的味道更加鮮美，留下清新、舒爽的餘韻。

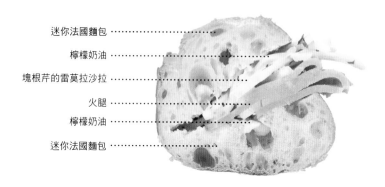

迷你法國麵包
檸檬奶油
塊根芹的雷莫拉沙拉
火腿
檸檬奶油
迷你法國麵包

塊根芹的法式火腿三明治

材料（1條）
迷你法國麵包……1條（110g）
檸檬奶油（參考 p.42）……12g
火腿……40g
塊根芹的雷莫拉沙拉（參考 p.186）……30g

製作方法
1. 迷你法國麵包從側面切出開口，在內側抹上檸檬奶油。
2. 夾上火腿和塊根芹的雷莫拉沙拉。

＊正因為組合簡單，所以更該選擇優質的火腿，同時夾上更多份量。
＊也可以把檸檬奶油換成松露奶油、塊根芹換成切片的松露。添加優質松露的火腿三明治，充滿令人驚豔的奢華美味。

全麥粉吐司 ……………
辣根酸奶油 ……………
西洋菜 …………
烤牛肉＋肉汁 ……………
辣根酸奶油 ……………
全麥粉吐司 ……………

烤牛肉和西洋菜的三明治

材料（1份）
全麥粉吐司（10片切）……2片
辣根酸奶油（參考p.43）……14g
烤牛肉……100g
西洋菜……10g
肉汁……18g
鹽巴……少許
白胡椒……少許

製作方法
1. 全麥粉吐司稍微烤至上色。分別將一半份量的辣根酸奶油抹在單面。
2. 把烤牛肉攤放在調理盤上，撒上鹽巴、白胡椒，淋上肉汁。
3. 依序把 **2** 的烤牛肉和西洋菜鋪在 **1** 的吐司上面，再和另1片全麥粉吐司合併。用手掌從上方輕壓，讓餡料和吐司更加緊密。切掉上下端的吐司邊，切成4等分。最後再撒上白胡椒。

＊據說三明治伯爵吃的是『冷牛肉三明治』。所謂的冷牛肉就是冷製的烤牛肉。也就是說，當初並不是為了三明治而專程烤牛肉，而是正好有剩下沒吃完的烤牛肉，所以才用麵包夾著吃。

烤牛肉預先用鹽巴、白胡椒稍微調味後，淋上肉汁，然後再用麵包夾起來。使用市售的烤牛肉時，就淋上隨附的肉汁（烤牛肉用醬汁）。

雞蛋是主角，蔬菜是配角

酪梨雞蛋沙拉的貝果三明治

Avocado Egg Salad Bagel Sandwich
U.S.A.

貝果是紐約客必吃的美食。這種三明治是深受人們喜愛的輕食，搭配大量奶油起司是最經典的吃法。奶油起司與貝果獨特的紮實麵團十分契合。除了奶油起司之外，還可以自由地組合搭配，只要採用奶油起司那樣的基底，就能更容易與其他食材搭配。雞蛋沙拉加上酪梨的濃郁口感很受歡迎。再加上芝麻菜和青花菜苗的清爽辛辣，創造出時尚風味。貝果適合採用風味豐富的『綜合口味貝果』。

起司是主角，蔬菜是配角

芹菜鮪魚起司三明治

Tuna Melt with Celery
U.S.A

鮪魚三明治就是要搭配濃稠的起司。鮪魚和起司的熱壓三明治是美國的經典美食。主角鮪魚和起司的美味是無庸置疑的，但在口感十足的同時，往往顯得沉重。這個時候，芹菜就可以派上用場。芹菜特有的清涼感和清脆口感，形成味覺的重點，餘韻也十分清爽。只要搭配一種蔬菜，就能增加味道的層次，最佳配角之名可說是實至名歸。

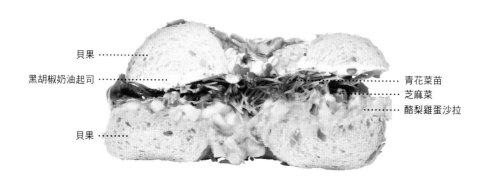

貝果 ……………

黑胡椒奶油起司 …………

青花菜苗

芝麻菜

酪梨雞蛋沙拉

貝果 ………

酪梨雞蛋沙拉的貝果三明治

材料（1份）
貝果（綜合口味）……1個（110g）
酪梨雞蛋沙拉※……50g
黑胡椒奶油起司（參考p.42）……30g
芝麻菜……5g
青花菜苗……15g

※ 酪梨雞蛋沙拉
把檸檬汁1小匙倒進壓碎1顆酪梨（140g）
裡面，和切碎的水煮蛋1個、美乃滋15g
混拌。用各少許的鹽巴、白胡椒調味。

製作方法
1. 貝果橫切成對半，稍微烤過。
2. 依序把酪梨雞蛋沙拉、芝麻菜、青花菜苗鋪在
貝果的下剖面。
3. 把黑胡椒奶油起司抹在貝果的上剖面，和 **2** 的
貝果合併。

＊所謂綜合口味的貝果是，把貝果的所有頂飾材料
全部鋪在貝果上方，也就是在原味貝果的表面加上
芝麻、蒜頭、洋蔥、雜穀、鹽巴等食材。因為直接
加上鹹味，所以就算用來製作簡單的三明治，味道
仍然十分鮮明。

全麥粉吐司 ……
切達起司 ……
芹菜 ……
鮪魚沙拉 ……
全麥粉吐司 ……

芹菜鮪魚起司三明治

材料（1 份）
全麥粉吐司（10 片切）……2 片
鮪魚沙拉（參考 p.50）……50g
芹菜（2 mm 的薄片）……25g
切達起司（切片）……50g
無鹽奶油……16g
黑胡椒……少許
（如果有）蒔蘿醃小黃瓜……2 條

製作方法
1. 把鮪魚沙拉放在全麥粉吐司上面，撒上黑胡椒。依序放上芹菜、切達起司，再用另 1 片全麥粉吐司夾起來。
2. 在 **1** 的上面抹上一半份量的無鹽奶油，抹上奶油的那一面朝下，放進預熱至 200℃的帕尼尼機。將剩餘的無鹽奶油抹在上面，熱壓烘烤，直到切達起司融化。
3. 切成對半，裝盤，隨附上蒔蘿醃小黃瓜。

＊用平底鍋煎烤時，把抹上無鹽奶油的那一面朝下，煎烤至表面上色。在準備翻面之前，將剩餘的無鹽奶油抹在上面，將兩面都煎烤至上色即可。

【切達起司】
產自英國的硬質起司，不過，世界各地都有製作，可說是全世界產量最多的起司。這裡使用的是紅切達，不過，也可以使用白切達。

肉是主角，蔬菜是配角

烤牛肉越南法國麵包

Bánh Mì Thịt Bò Nướng
Vietnam

在米食文化的越南，如今也深受民眾喜愛，堪稱為國民美食的三明治。最大的特色是越南獨特的調味，以及麵包皮口感輕薄的麵包。越式法國麵包 Bánh mì 是麵包的意思，Thịt Bò 則是牛肉的意思。基本上是以『麵包和肉』為主，然後再搭配甜醋醃漬的蔬菜，這種麵包有時也會混入越南料理廣泛使用的米粉。酸味強烈的醃菜和肉類料理的搭配，歐美地區也相當常見，不過，味道的對比更為強烈。特定的味道不會太過突出，酸甜滋味、辛辣口感混雜調和，演繹出越南法國麵包才有的獨有魅力。

肉是主角，蔬菜是配角

牛排墨西哥夾餅

Tacos de Bistec
Mexico

在世界各地當中，『麵包和肉』是三明治的基本組合，透過使用的麵包和肉類的調理法或調味方式，就能展現出該國獨有的個性。墨西哥是採用薄烤的墨西哥薄餅，搭配辛辣口味的肉和莎莎醬。本書使用的是比較容易取得的 Flour（小麥粉）墨西哥薄餅，不過，正常應該是使用玉米粉製成的墨西哥薄餅。就像法國的火腿三明治、越南的法國麵包一樣，墨西哥同樣也是採用『麵包和肉』的組合，就算主要的食材相同，仍然可以變化出截然不同的料理。只要像這樣，一邊比較飲食文化的背景一邊品嚐，應該就能實際感受到麵包與食材搭配的可能性。在基本的食材、簡單的調理法當中，藏有許多三明治製作的靈感。

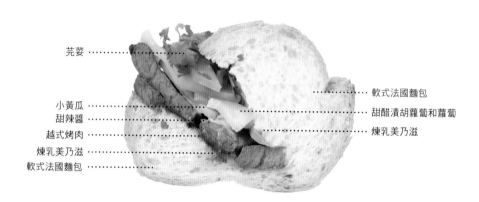

芫荽 ……………

軟式法國麵包

小黃瓜 …………
甜辣醬 …………

甜醋漬胡蘿蔔和蘿蔔

越式烤肉 …………

煉乳美乃滋

煉乳美乃滋 ………
軟式法國麵包 ………

烤牛肉越南法國麵包

材料（1 條）
軟式法國麵包
　（越南法國麵包，參考 p.53）……1 條
煉乳美乃滋（參考 p.39）……8g
越式烤牛肉 ※……70g
甜醋漬胡蘿蔔和蘿蔔（參考 p.27）……25g
小黃瓜（縱切 2 mm 的切片）……1 片
芫荽（切段）……4g
甜辣醬……12g

※ 越式烤牛肉（容易製作的份量）
牛腿肉（烤肉用）140g，撒上鹽巴、白胡
椒各少許，放進魚露 1 大匙、紅葡萄酒 1
大匙、檸檬草（切細末）1 小匙的醃漬料
裡面浸漬。放進冰箱入味 1 小時後，用平
底鍋煎烤。

製作方法
1. 軟式法國麵包從側面切出開口，在內側抹上煉
乳美乃滋。
2. 夾上越式烤肉，淋上甜辣醬。依序夾上小黃瓜、
甜醋漬胡蘿蔔和蘿蔔，最後再夾上芫荽。

＊越南、泰國、中國、台灣等，日本以外的亞洲各
國，都很喜歡帶有甜味的美乃滋。越南法國麵包只
要使用酸甜滋味兼具的煉乳美乃滋（參考 p.39），就
能更貼近當地風味。

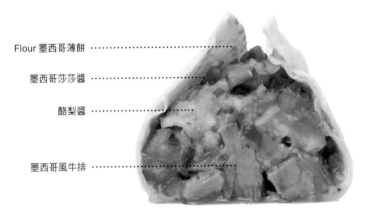

Flour 墨西哥薄餅 ……………
墨西哥莎莎醬 ……………
酪梨醬 ……………
墨西哥風牛排 ……………

牛排墨西哥夾餅

材料（3 份）
Flour 墨西哥薄餅……3 片
墨西哥風牛排 ※1……1 片（400g）
墨西哥莎莎醬 ※2……適量
酪梨醬 ※3……適量

※1 墨西哥風牛排（容易製作的份量）
牛里肌肉（牛排用）400g 抹上鹽巴 8g、黑胡椒（粗粒）1/3 小匙、卡宴辣椒粉 1/4 小匙、辣椒粉 1/3 小匙、牛至（乾燥）1/3 小匙，淋上 E.V. 橄欖油 2 大匙，使整體充份入味後，用烤網烤至焦黃。

※2 墨西哥莎莎醬（容易製作的份量）
把番茄 200g 切成 5 mm 的丁塊狀，再將紫洋蔥 50g、青椒 30g、青辣椒 30g、芫荽 8g、蒜頭 5g 切成細末，全部放進碗裡。加入鹽巴 5g 混拌。

※3 酪梨醬（容易製作的份量）
酪梨 150g 搗成粗粒，和萊姆汁 1 大匙、鹽巴 1g 混拌。

製作方法
1. 用平底鍋將 Flour 墨西哥薄餅的兩面烤香。
2. 墨西哥風牛排切成細條。
3. 依序把 **2** 的墨西哥風牛排、酪梨醬、墨西哥莎莎醬鋪在 **1** 的 Flour 墨西哥薄餅上面。

＊用大量香辛料調味的牛肉，使用烤網直火燒烤，就能實際感受到更躍動的美味。

魚是主角，蔬菜是配角

鯖魚三明治

Balik Ekmek
Turkey

Balik Ekmek（烤魚三明治）的 Balik 是魚的意思，Ekmek 則是指麵包。前面已經針對『麵包和肉』做過多次說明，而土耳其伊斯坦堡的名產三明治不是肉，而是『麵包和魚』。把烤過的鯖魚夾進麵包裡面，再搭配萵苣、洋蔥或番茄等生蔬菜。調味十分簡單，只用鹽巴和檸檬進行調味。麵包和長棍麵包有點類似，使用的是越南法國麵包那樣的輕薄種類。簡直就是直接品嚐食材的原味！不過，正因為如此，才能創造出不輸任何人的美味。

肉是主角，蔬菜是配角
2 種豬排三明治
Japan

『炸豬排』是日本獨有的料理，源自於明治時代開始普及的西餐文化。夾上那種『炸豬排』的『豬排三明治』，堪稱是代表日本的三明治。麵衣酥脆，裡面鮮嫩多汁的『炸豬排』，本身的美味自然不在話下，若是夾上吐司的話，醬汁的美味更是關鍵。搭配白飯一起享用的醬料，和搭配麵包的醬料，在味道的協調和方向性上有些許差異，因此，要實際吃吃看才會知道。以炸豬排醬為基底，加上番茄醬或蜂蜜的微甜醬料，更適合搭配吐司。接著，介紹一下使用生蔬菜的醬料創意變化。炎熱季節推薦的是，芝麻蘿蔔泥柚子醋。蘿蔔磨成粗碎末，加上芝麻粉，吸收水分之後，就能更容易搭配吐司。醬料加上洋蔥沙拉醬的酸味和帕馬森起司的濃郁之後，就成了西式風味。混進高麗菜絲裡面的羅勒香氣也十分新鮮。

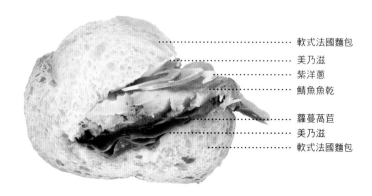

····· 軟式法國麵包
····· 美乃滋
····· 紫洋蔥
····· 鯖魚魚乾

····· 蘿蔓萵苣
····· 美乃滋
····· 軟式法國麵包

鯖魚三明治

材料（1 條）

軟式法國麵包
（越南法國麵包，參考 p.53）……1 條
美乃滋……8g
鯖魚魚乾……100g
蘿蔓萵苣……10g
紫洋蔥（薄切）……10g
檸檬（梳形切）……1 塊

製作方法

1. 軟式法國麵包從側面切出開口，在內側抹上美乃滋。

2. 鯖魚魚乾用烤網烤至金黃。

3. 依序把蘿蔓萵苣、**2** 的鯖魚魚乾、紫洋蔥夾進 **1** 的麵包裡面。

4. 隨附檸檬，享用之前，把檸檬汁擠在鯖魚魚乾上面。

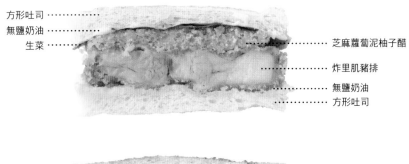

方形吐司 ……………
無鹽奶油 ……………
生菜 ……………… ……………… 芝麻蘿蔔泥柚子醋
……………… 炸里肌豬排
……………… 無鹽奶油
……………… 方形吐司

……………… 全麥粉吐司
……………… 無鹽奶油
……………… 高麗菜羅勒絲
……………… 帕馬森醬
……………… 炸里肌豬排
無鹽奶油 ……………… ……………… 帕馬森醬
全麥粉吐司 ……………

2 種豬排三明治

材料（1 條）
蘿蔔泥豬排三明治
方形吐司（8 片切）……2 片
無鹽奶油……10g
炸里肌豬排……1 片（130g）
生菜……5g
芝麻蘿蔔泥柚子醋[※1]……50g

帕馬森醬佐豬排三明治
全麥粉吐司（8 片切）……2 片
無鹽奶油……10g
炸里肌豬排……1 片（130g）
高麗菜（切絲）……25g
羅勒（切絲）……3g
帕馬森醬[※2]……30g

[※1] 芝麻蘿蔔泥柚子醋（容易製作的份量）
把蘿蔔泥（用濾網過濾，瀝乾水分）100g 和柚子醋 25g、白芝麻粉 20g 放在一起混拌。
[※2] 帕馬森醬佐炸豬排（容易製作的份量）
把豬排醬 50g、洋蔥沙拉醬（參考 p.41）20g、帕馬森起司（粉末）10g 放在一起混拌。

製作方法
1. 製作蘿蔔泥豬排三明治。分別把一半份量的無鹽奶油抹在方形吐司的單面，依序放上炸里肌豬排、芝麻蘿蔔泥柚子醋、生菜。切掉吐司邊，切成 3 等分。
2. 製作帕馬森醬佐豬排三明治。全麥粉吐司稍微烤至上色程度。分別把一半份量的無鹽奶油抹在單面。在炸豬排的兩面分別抹上一半份量的帕馬森醬，放在全麥粉吐司的上面。放上混合的高麗菜羅勒絲，再和另 1 片全麥粉吐司合併。用手掌從上方輕壓，讓餡料和吐司更加緊密。切掉吐司邊，切成對半。

＊芝麻蘿蔔泥柚子醋（照片右）的蘿蔔，只要用磨泥器或陶瓷磨泥器（參考 p.55）磨成粗粒，就能確實發揮蘿蔔的口感。

帕馬森醬（照片左）在用洋蔥沙拉醬增加清爽酸味、帕馬森起司增加香氣和濃郁的同時，還能增加醬料的濃稠度，就更容易搭配吐司。

05

搭配麵包的

異國
生蔬菜料理

材料（2 ～ 3 人份）
長棍麵包……1/4 條
七彩小番茄……10 個（或番茄 1 個）
小黃瓜……100g（1 條）
芹菜……120g（1 支）
紫洋蔥……1/4 個
特雷威索紅菊苣（萵苣或芝麻菜亦可）
……1/2 個
生火腿（帕爾瑪火腿）……2 片
羅勒……5 ～ 8 片
白酒醋……1 又 1/2 大匙
蜂蜜……2 小匙
鹽巴……1/3 小匙
白胡椒……少許
E.V. 橄欖油……3 大匙

製作方法

1. 長棍麵包切成 3 等分。在碗裡倒入
大量的水，放進長棍麵包，讓長棍麵
包確實吸滿水分後，用手捏緊，擠乾
水分。撕成容易食用的大小備用。

2. 小黃瓜縱切成對半，去除種籽，斜
切成厚度 6 mm 的薄片（參考 p.23）。芹
菜和紫洋蔥薄切。特雷威索紅菊苣撕
成容易食用的大小。

3. 小番茄切成對半，放進碗裡。加入
白酒醋、蜂蜜、鹽巴、白胡椒，稍微
混拌後，加入 E.V. 橄欖油。

4. 把 **1** 的麵包混進 **3** 的番茄裡面，
然後加入 **2** 的蔬菜、切成一口大小的
生火腿和撕碎的羅勒。裝盤，再依個
人喜好，淋上少許的 E.V. 橄欖油（份
量外）。

＊就算不預先製作沙拉醬，食材在碗
裡混拌之後，味道也會逐漸滲入。蔬
菜的組合可依個人喜好調整。

硬梆梆的長棍麵包吸滿水分之後，更
容易與蔬菜或沙拉醬混拌，同時也更
容易食用。如果連同蔬菜一起冷藏冰
鎮，就會更加美味，適合夏季品嚐。

Italy

義式番茄麵包沙拉

Panzanella

源自義大利托斯卡納地區的麵包沙拉是，用水將麵包浸濕製成。如果單看食譜，
或許會感到有點訝異，其實這也算是為了讓長期存放變硬的麵包，能夠持續美
味享用到最後的生活智慧。含有水分的麵包不僅變得更容易吞嚥，味道也不會
有半點怪異。這裡使用了大量蔬菜，不過，原本的食譜是以番茄、小黃瓜和洋
蔥為基本。只要減少蔬菜的用量和種類，增加麵包的份量，就能更貼近質樸的
義大利家庭料理。

材料（容易製作的份量）
蒜頭……30g
鯷魚……30g
鮮奶油（乳脂肪含量 42%）
……80mℓ
牛乳……適量
E.V. 橄欖油……120mℓ
個人喜愛的蔬菜
（菊苣、甜椒、胡蘿蔔、小黃瓜、
小番茄、櫻桃蘿蔔、特雷威索紅菊
苣等）……適量
個人喜愛的麵包（長棍麵包或佛卡
夏等）……適量

製作方法
1. 蒜頭去皮，切成對半後，去除蒜
芯。放進小鍋，分別加入一半份量
的牛乳和水，用小火烹煮蒜頭 20 分
鐘，直到蒜頭變軟。用濾網撈起來，
把水分瀝乾。
2. 把 **1** 的蒜頭和鯷魚放進小鍋，倒
入 E.V. 橄欖油，用小火煮 5 分鐘。
用手持攪拌機攪拌至柔滑程度。
3. 加入鮮奶油，用打蛋器一邊加熱
混拌，直到呈現柔滑狀態。連同個
人喜歡的蔬菜和麵包一起上桌。如
果有醬料鍋，就一邊用蠟燭加熱，
一邊細細品嚐。

＊蒜頭用牛乳和水烹煮，可以抑制
蒜頭的腥味，使味道變得溫和。

＊提前製作時，在加入鮮奶油之前
（製作方法 **2**）的狀態下，最長可保
存 1 個月。可裝進保存罐冷藏保存，
等到要吃的時候，再拿出來混入鮮
奶油。

Italy

義式溫沙拉

Bagna càuda

源自北義大利杜林的冬季料理。bagna 是醬料的方言，càuda 則是加熱的意思。
在日本，這道料理早已成為美味享用生蔬菜的經典菜單，不過，最正統的吃法是
熱醬料搭配溫蔬菜。蒜頭和鯷魚製成的醬料，不光是搭配蔬菜，就連麵包也能一
口接一口。熱醬料鍋裡還有醬料殘留時，就打個蛋花，用麵包沾著吃吧！

材料（2～3 人份）

番茄……300g（2 個）
小黃瓜……100g（1 條）
紫洋蔥……50g（1/4 個）
青椒……40g（1 個）
羊乳酪……150g
鹽漬黑橄欖……10 粒
白酒醋……20mℓ
牛至（乾燥）……1/2 小匙
鹽巴……1/4 小匙
E.V. 橄欖油……40mℓ

製作方法

1. 番茄切成一口大小。小黃瓜用刨刀朝縱向削皮，將外皮削成條紋模樣，切成厚度 7 mm 的薄片。紫洋蔥用削片器薄切。青椒縱切成對半後，去除種籽，切成厚度 3 mm 的細條。

2. 把白酒醋、牛至、鹽巴放進碗裡，用打蛋器混拌，使鹽巴融化。混入 E.V. 橄欖油後，放入切成一口大小的羊乳酪和鹽漬黑橄欖混拌。

3. 把 **2** 和 **1** 稍微混拌後，裝盤。

＊基本的蔬菜就跟義式番茄麵包沙拉（參考 p.182）相同，只要改變搭配的起司或香草，就能大幅改變味道。稍微比較一番，就會覺得十分有趣。

＊如果只把切成一口大小的羊乳酪和黑橄欖放進調味料裡混合醃泡，放進冰箱保存，就能隨時輕鬆製作。這個時候，要多放點 E.V. 橄欖油，讓羊乳酪和黑橄欖能夠浸漬在其中。黑橄欖也可以使用醃橄欖（參考 p.36）。

【羊乳酪】
代表希臘，用羊奶或山羊奶所製成的新鮮起司。強烈的鹹味和清爽的酸味是其最大特色，適合用來製作沙拉。

Greece

希臘沙拉

χωριάτικη σαλάτα

希臘的鄉村風沙拉，基本的蔬菜是番茄、小黃瓜、洋蔥、青椒。這裡絕對必備的是，用羊奶或山羊奶製成的希臘傳統新鮮起司羊乳酪和橄欖。雖然是常見蔬菜的簡單組合，不過，有了羊乳酪的鹹味和橄欖的香氣，就能實際感受到異國的風味。

材料（2～3 人份）
原味優格（瀝乾水分，剩一半份量）
……150g
小黃瓜（磨成泥，瀝乾水分）
……100g
蒜頭（磨成泥）……2g
蒔蘿……適量
鹽巴……1/2 小匙
E.V. 橄欖油……少許
長棍麵包（切片）……適量

製作方法
1. 用陶瓷磨泥器把小黃瓜磨成泥。放進濾網瀝乾水分後，測量重量。
2. 把 **1** 的小黃瓜和原味優格、蒜頭、蒔蘿葉、鹽巴混合在一起後，裝盤。最後，淋上 E.V 橄欖油，隨附上切成薄片的長棍麵包。

把原味優格放進鋪有廚房紙巾的濾網，重疊在碗上面，將水分瀝乾。蓋上保鮮膜，在冰箱內放置一晚，瀝水後約剩下一半份量。

如果有陶瓷磨泥器（參考 p.55），就可以把小黃瓜磨成粗粒，就不容易水水的。大條小黃瓜如果有種籽問題，可以縱切成對半，去除種籽後再使用。

Greece

青瓜酸乳酪醬

Τζατζίκι

希臘的餐桌絕對少不了優格。近年來，在日本國內逐漸廣受歡迎的希臘優格，都是採用瀝水製法去除水分和乳清（Whey）。優格的濃醇乳香口感，也被廣泛應用於各種料理。使用這種優格的代表性料理是『青瓜酸乳酪醬』，是希臘的傳統前菜。用優格和小黃瓜製成的沾醬，不光是當成麵包的抹醬，也可以當成魚、肉類料理的醬料。這裡使用的是蒔蘿，不過，薄荷也非常適合。

材料（容易製作的份量）

涼拌甜菜根
甜菜根（黃，切絲）……160g
檸檬汁……2 小匙
檸檬皮（磨成泥）……1/4 個
鹽巴……1/8 小匙
白胡椒……少許
E.V. 橄欖油……2 大匙

鮮奶油拌蘑菇
蘑菇（2 mm 的切片）……150g
平葉洋香菜（切細末）……2 小匙
鮮奶油……2 大匙
檸檬汁……1 大匙
鹽巴……1/8 小匙
白胡椒……少許

塊根芹的雷莫拉沙拉
塊根芹（切絲，參考 p.32）……200g
平葉洋香菜（切細末）……2 小匙
美乃滋……50g
法國第戎芥末醬……10g
檸檬汁……2 小匙

製作方法
涼拌甜菜根
在甜菜根裡面加上鹽巴、白胡椒、檸檬汁，整體入味後，混入 E.V. 橄欖油和檸檬皮。試味道，如果味道太淡，就再加上少許的鹽巴、白胡椒（份量外）。

鮮奶油拌蘑菇
在蘑菇裡面加上檸檬汁、鹽巴、白胡椒，稍微混拌整體後，加入鮮奶油和平葉洋香菜混拌。試味道，如果味道太淡，就再加上少許的鹽巴、白胡椒（份量外）。

塊根芹的雷莫拉沙拉
塊根芹淋上檸檬汁，吸收入味。把平葉洋香菜、美乃滋、法國第戎芥末醬放進另一個碗混拌，然後再放入塊根芹混拌。試味道，如果味道太淡，就再加上少許的鹽巴、白胡椒（份量外）。

＊如果使用甜菜根罐頭，也可以切成 1 cm 的丁塊，再和調味料混合使用。

＊小黃瓜也很適合拌鮮奶油。這個時候，可用蒔蘿或薄荷取代平葉洋香菜。

＊塊根芹和添加了法國第戎芥末醬的美乃滋是最經典的組合。

＊除了這 3 種，還可以再加上涼拌胡蘿蔔絲（參考 p.35）或青瓜酸乳酪醬（參考 p.185）。

France

法式生菜沙拉

涼拌甜菜根、鮮奶油拌蘑菇、
塊根芹的雷莫拉沙拉

Crudités

法式生菜沙拉就是前菜用的生蔬菜小碟。法式生菜沙拉是由單品蔬菜和油醋醬（沙拉醬）或美乃滋混合而成的簡單料理，涼拌高麗菜（參考 p.35）也是法式生菜沙拉的一種。因為是以多種組合為前提，所以可以依照蔬菜試著改變油醋醬、美乃滋、奶油等醬料。也可以利用香草或檸檬皮等增添香氣。簡單卻能實際感受到各種蔬菜的個性。

材料（2～3 人份）

古斯米……100g
小黃瓜……100g（1 條）
番茄……100g（大，1/2 個）
紫洋蔥……100g（1/2 個）
平葉洋香菜……8g
薄荷……2g
檸檬汁……40㎖
蜂蜜……1 小匙
鹽巴……2/3 小匙
白胡椒……少許
E.V. 橄欖油……40㎖
（如果有）貝比生菜……適量

製作方法

1. 把古斯米泡軟。把古斯米放進碗
裡，倒入 1/2 杯的熱水，悶蒸 5 分
鐘左右。
2. 小黃瓜、番茄、紫洋蔥切成 5 mm
的丁塊狀。
3. 平葉洋香菜和薄荷葉切成細末。
4. 把檸檬汁、蜂蜜、鹽巴、白胡椒
混在一起，用打蛋器混拌。鹽巴融
化後，混入 E.V. 橄欖油。
5. 把 **1** 的古斯米和 **4** 的醬料混在
一起，再進一步混入 **2** 的蔬菜和 **3**
的香草。試味道，如果味道太淡，
就用各少許的鹽巴、白胡椒（份量
外）調味。放進冰箱冷藏 2 小時，
讓味道確實入味。
6. 裝盤，隨附上貝比生菜。

＊黎巴嫩的塔布勒沙拉不是採用古
斯米，而是名為布格麥的碾碎小麥，
同時搭配份量驚人的洋香菜。

France

塔布勒沙拉

Taboulé

塔布勒是使用小型義式麵食「古斯米」的沙拉。原產於黎巴嫩，不過，現在則是法國當
地十分普及的國民美食，同時也是熟食店或超級市場內常見的經典小菜。切成細末的蔬
菜和古斯米混合之後，變得更容易食用，再加上大量的香草，就連餘韻都十分清爽。即
便是常見的蔬菜組合，只要改變切法，和古斯米搭配組合，就能構成全新的味道。

材料（2～3 人份）
蘿蔓萵苣……1/2 個
麵包丁 ※1……長棍麵包 1/4 條
水波蛋 ※2……1 個
凱薩醬（參考 p.43）……適量
帕馬森起司（磨成細屑）……適量

※1　麵包丁
長棍麵包 1/4 條切成一口大小，用蒜頭剖面搓磨表面，增加麵包的香氣。混入 E.V. 橄欖油 1 大匙後，排放在調理盤，用預熱至 160℃的烤箱烤 10～12 分鐘，直到上色。

※2　水波蛋
把 1 顆雞蛋打進小碗。用小鍋煮沸熱水，加入醋。份量以 3 杯水、2 大匙醋的比例為標準。煮沸後，用菜筷攪動鍋子內側，製造轉動的水流，快速將雞蛋倒進中央。烹煮 2 分鐘，蛋白凝固後，用漏勺撈起來，放進裝有冰水的碗裡。

製作方法
1. 蘿蔓萵苣剝下菜葉清洗乾淨，確實把水分瀝乾。
2. 把 1 的蘿蔓萵苣和麵包丁裝盤，將水波蛋放在中央。淋上凱薩醬，撒上帕馬森起司。壓碎水波蛋，混合著吃。

＊麵包丁的份量可依個人喜好。如果是以蘿蔓萵苣為主角，就放少一點，如果多放一點麵包丁，就能增加酥脆感，享受三明治般的口感。

＊粉末狀的帕馬森起司十分便利好用，不過，若要品嚐正統的味道，建議直接把義大利產的帕馬森起司磨成細屑。豐富的香氣和濃郁味道，能使美味更上一層。

U.S.A

凱薩沙拉

Caesar Salad

1924 年，在墨西哥提華納的餐廳誕生的沙拉，主角是蘿蔓萵苣和麵包丁。雖然誕生地是墨西哥，但是因為提華納位於與美國交界的國境附近，因而在美國逐漸普及。烤得酥脆的麵包丁口感和香氣、大量帕馬森起司的濃郁與鮮味，讓蘿蔓萵苣的水嫩變得更加鮮明。正統的吃法是當場混拌沙拉醬的材料，然後再和蘿蔓萵苣混拌，所以邊拌邊吃也算是這種料理的樂趣之一。正因為簡單，所以才能在全世界廣為流傳，成為傳說的沙拉。

材料（2～3 人份）
香辣烤雞（參考 p.48）……180g
芹菜……120g（1 支）
蘋果……100g（1/2 個）
蘿蔓萵苣……100g（1/3 個）
胡蘿蔔……50g（1/2 條）
核桃（烘烤）……30g
葡萄乾……30g
洋蔥沙拉醬（參考 p.41）……100g
米莫萊特起司（用刨刀薄削）
……適量

製作方法
1. 香辣烤雞切成 10 mm 的丁塊狀。
芹菜、蘋果、蘿蔓萵苣、胡蘿蔔切
成 8 mm 的丁塊狀。
2. 把 1 的香辣烤雞和切碎的核桃、
葡萄乾放進碗裡，加入洋蔥沙拉醬
充分拌勻。
3. 裝盤，撒上米莫萊特起司。

＊蔬菜種類依個人喜好。若是搭配
雜穀或豆類，就能增加份量。

【米莫萊特起司】
法國的硬質起司，亮橘色的剖面令
人印象深刻。初熟成的種類比較軟
且味道溫和。隨著熟成時間的拉長，
水分會逐漸流失，鮮味就會更加凝
聚。

U.S.A.

總匯沙拉

Chopped Salad

近年來，逐漸在紐約普及的總匯沙拉，正如其名，最大的特色就是把食材切成粗粒。使
用的食材沒有固定，消費者可以在沙拉專賣店內指定自己想要的食材客製。只要選好自
己喜歡的食材和沙拉醬，店家就會當場將食材切成粗粒，然後再拌入沙拉醬。食材切成
小塊之後，不僅味道更容易入味，吃起來也十分方便，只要使用 1 支湯匙就可以，這就
是其大受歡迎的秘密所在。魅力和邊拌邊吃的凱薩沙拉完全不同。也可以搭配切成小塊
的麵包丁。

材料（3～4 人份）

番茄……300g（中 2 個，小番茄亦可）
小黃瓜……100g（1 支）
甜椒（黃）……100g（1 個）
洋蔥……50g（1/4 個）
長棍麵包（吐司亦可）……40g
蒜頭（磨成泥）……1/2 瓣
白酒醋……1 大匙
鹽巴……3g
白胡椒……少許
E.V. 橄欖油……3 大匙

頂飾

E.V. 橄欖油……少許
（如果有）埃斯普萊特辣椒粉（卡
宴辣椒粉、紅椒粉亦可）……少許

製作方法

1. 長棍麵包切成一口大小，倒入 150 mℓ 的水泡軟。

2. 番茄汆燙去皮。甜椒去除種籽。番茄、甜椒、小黃瓜預留少量，作為頂飾用，切成 5 mm 的丁塊狀。蒜頭以外的其他蔬菜全部切成一口大小。

3. 把 **1** 的麵包和切成一口大小的蔬菜、蒜頭、E.V. 橄欖油、白酒醋、鹽巴、白胡椒，放進攪拌機，攪拌至柔滑狀態。試味道，如果味道太淡，就用少量的鹽巴、白胡椒（份量外）進行調味。只要在冰箱裡面放置 2 小時至一晚，麵包就會更加入味，同時更加濃稠。

4. 裝盤，鋪上 **2** 的頂飾用蔬菜，淋上 E.V. 橄欖油，撒上埃斯普萊特辣椒粉。

＊因為可以同時攝取到蔬菜和麵包，所以也可以當夏天的早餐。可以自由改變蔬菜種類或份量的部分，也是魅力所在。

Spain

西班牙凍湯

Gazpacho

源自南西班牙塞維利亞，用番茄和麵包製成的冷湯。原本是使用研缽和搗杵，把蔬菜搗碎後再製作，不過，現在有攪拌機，製作就會更加方便。除有效利用已經變硬的麵包外，麵包還能增加湯的濃稠度，讓湯變得更加滑順入喉。最適合在夏季用來補充維生素和水分，現在已經是世界各地都十分熟悉的料理。

材料（2～3 人份）

白身魚的生魚片（鯛魚、比目魚、
鱸魚等）……200g
紫洋蔥（沿著纖維薄切，參考 p.28）
……50g（1/4 個）
蒜頭（磨成泥）……1/4 瓣
青辣椒（切細末）……1 條
芫荽（切細末）……適量
萊姆汁……2 大匙
鹽巴……1/2 小匙
白胡椒……少許

配菜

菜葉蔬菜（褶邊生菜、紅萵苣等）
……適量
玉米（可生吃的種類直接裝盤，
加熱種類亦可）……適量
長棍麵包……適量

製作方法

1. 白身魚的生魚片切成一口大小。
2. 把蒜頭、青辣椒、芫荽（預留少
量作為頂飾用）放進碗裡，倒入萊
姆汁混拌，再用鹽巴、白胡椒調味。
加入 **1** 的生魚片，充分混拌後，和
紫洋蔥合併。
3. 裝盤，撒上預先留起來備用的芫
荽，隨附上菜葉蔬菜、玉米、切片
的麵包。

＊重點是用辛辣的醃泡液搭配甜味
的蔬菜。這裡隨附的是生吃用的玉
米，不過，祕魯當地則是搭配水煮
番薯和玉米。

Peru

檸汁醃生魚

Ceviche

檸汁醃生魚是秘魯的傳統醃泡海鮮，萊姆的香氣和酸味、辣椒和蒜頭的辛辣是其特色。
芫荽和紫洋蔥形成味覺重點，有別於日本生魚片的清爽味道，有種沙拉的口感。非常適
合搭配長棍麵包等簡單的麵包，直接鋪在麵包上面，或是用麵包沾著醃泡液吃，都十分
美味。除了白身魚之外，章魚、帆立貝也可以用相同的方式享用。

PROFILE

永田唯（Nagata Yui）

在歷經食品製造商、食材專賣店及商品開發人員等工作經驗後，自立門戶。現以三明治、麵包餐點為主，以菜單開發顧問、書籍與廣告的食品協調員等身份，參與多元化的飲食提案。持有日本侍酒師協會的侍酒師資格、起司專業協會的起司專業師資格、中醫藥研究會的中醫國際藥膳士資格、Le Cordon Bleu料理名校的Le Grand Diplôme資格。著有《サンドイッチの発想と組み立て（三明治研究室）》（誠文堂新光社）、《フレンチトーストとパン料理（法式土司和麵包料理）》（河出書房新社）、《蛋與吐司的美味組合公式》等。

參考文獻

《法國飲食事典》（白水社）
《新Larousse料理大辭典》（同朋舍）
《新・蔬菜手帳 健康篇》（高橋書店）
《熱狗麵包的歷史》（原書房）
《正統墨西哥料理的烹調技術 墨西哥夾餅＆莎莎醬》（旭屋出版）

TITLE

生蔬菜與吐司 美味組合公式

STAFF | ORIGINAL JAPANESE EDITION STAFF

出版	瑞昇文化事業股份有限公司	調理助理	坂本詠子
作者	永田唯	攝影	髙杉 純
譯者	羅淑慧	設計・裝幀	那須彩子（苺デザイン）

總編輯	郭湘齡
文字編輯	張聿雯　徐承義
美術編輯	許菩真
排版	沈蔚庭
製版	明宏彩色照相製版有限公司
印刷	桂林彩色印刷股份有限公司

法律顧問	立勤國際法律事務所　黃沛聲律師
戶名	瑞昇文化事業股份有限公司
劃撥帳號	19598343
地址	新北市中和區景平路464巷2弄1-4號
電話	(02)2945-3191
傳真	(02)2945-3190
網址	www.rising-books.com.tw
Mail	deepblue@rising-books.com.tw

初版日期	2023年2月
定價	480元

國家圖書館出版品預行編目資料

生蔬菜與吐司美味組合公式/永田唯作；
羅淑慧譯. -- 初版. -- 新北市：瑞昇文化
事業股份有限公司, 2023.02
192面；18.5 X 24.5公分
ISBN 978-986-401-607-5(平裝)

1.CST: 速食食譜

427.14　　　　　　　　　111020696

國內著作權保障，請勿翻印 ／ 如有破損或裝訂錯誤請寄回更換
NAMAYASAI TO PAN NO KUMITATE KATA
SALAD SAND NO TANKYU TO TENKAI RYORI E NO OYO
Copyright © 2021 Yui Nagata
Chinese translation rights in complex characters arranged with
Seibundo Shinkosha Publishing Co., Ltd.,
through Japan UNI Agency, Inc., Tokyo
不可複製。本書刊載內容（內文、照片、設計、圖表等）僅供個人使用，
在未經原作者許可下，禁止無授權轉貼，或商業使用。